2023

Hauptschule

Original-Prüfungsaufgaben
und Training

Hessen

Mathematik

LÖSUNGEN

STARK

19. ergänzte Auflage
www.stark-verlag.de

Inhalt

Vorwort

Lösungen zum Training für die Abschlussprüfung in Mathematik 1

Lösungen zu den Aufgaben im Stil der Abschlussprüfung
Aufgabengruppe I (ohne Taschenrechner) 61
Aufgabengruppe II (mit Taschenrechner) 70

Lösungen zu den schriftlichen Abschlussprüfungsaufgaben

Abschlussprüfung 2015
1. Teil (ohne Taschenrechner) .... M 2015-1
2. Teil (mit Taschenrechner) .... M 2015-5

Abschlussprüfung 2016
1. Teil (ohne Taschenrechner) .... M 2016-1
2. Teil (mit Taschenrechner) .... M 2016-5

Abschlussprüfung 2017
1. Teil (ohne Taschenrechner) .... M 2017-1
2. Teil (mit Taschenrechner) .... M 2017-6

Abschlussprüfung 2018
1. Teil (ohne Taschenrechner) .... M 2018-1
2. Teil (mit Taschenrechner) .... M 2018-6

Fortsetzung siehe nächste Seite

Abschlussprüfung 2019
1. Teil (ohne Taschenrechner) .... M 2019-1
2. Teil (mit Taschenrechner) .... M 2019-6

Abschlussprüfung 2020
1. Teil (ohne Taschenrechner) .... M 2020-1
2. Teil (mit Taschenrechner) .... M 2020-5

Abschlussprüfung 2021
1. Teil (ohne Taschenrechner) .... M 2021-1
2. Teil (mit Taschenrechner) .... M 2021-6

Abschlussprüfung 2022
1. Teil, 2. Teil .... www.stark-verlag.de/mystark

Sobald die Original-Prüfungsaufgaben 2022 freigegeben sind, können die dazugehörigen Lösungen als PDF auf der Plattform MyStark heruntergeladen werden (Zugangscode vgl. Umschlaginnenseite).

Autorin und Autoren:
Marcus Noll (ab 2017, Training), Petra Koch (bis 2016, Training)
Thomas Schwarze (Training)

Vorwort

Liebe Schülerin, lieber Schüler,

dieses Buch ist das Lösungsbuch zu dem Band *Original-Prüfungsaufgaben Mathematik Hessen* (Best.-Nr.: C06300).

Anhand der ausführlichen, von unserer Autorin und unseren Autoren ausgearbeiteten Lösungen kannst du überprüfen, ob du die Aufgaben im Trainingsteil, die Aufgaben im Prüfungsstil und die Prüfungsaufgaben richtig gelöst hast.

Versuche, jede Aufgabe zunächst selbstständig schriftlich zu lösen, und sieh nicht gleich in diesem Buch nach. Solltest du jedoch nicht weiterkommen, kann ein Blick in die Lösung hilfreich sein, da dort wichtige Hinweise zur Bearbeitung der Aufgabe gegeben werden. Am Schluss solltest du deine Lösung in jedem Fall mit der Lösung in diesem Buch vergleichen. Hast du die Aufgabe nicht richtig gelöst, lohnt es sich, sie sich zu einem späteren Zeitpunkt nochmals vorzunehmen.

Bei den Lösungen zu den Original-Prüfungsaufgaben findest du zusätzlich wertvolle Hinweise und Tipps zu den Aufgaben. Die Tipps zum 2. Teil der Prüfung verraten dir schrittweise einen möglichen Weg zur Lösung. Falls du bei einer Aufgabe nicht auf den Lösungsansatz kommst, kannst du dir bei den Tipps einen Denkanstoß holen und musst nicht sofort in der Lösung nachschlagen. So kannst du die Aufgabe selbstständig weiterführen.

Arbeitest du alle Aufgaben auf diese Weise Schritt für Schritt durch, kann dir in der Prüfung keiner mehr etwas vormachen!

Viel Erfolg!

Trainingsaufgaben
Mathematik

1. a) $7+12=19$

b) $85-40=45$

c) $8 \cdot 12=96$

d) $121:11=11$

e) $25+x=70 \quad \rightarrow \quad x=70-25=45$

f) $65-13=52$

g) $x \cdot 6=90 \quad \rightarrow \quad x=90:6=15$

h) $15 \cdot x=225 \quad \rightarrow \quad x=225:15=15$

i) $x:9=12 \quad \rightarrow \quad x=12 \cdot 9=108$

j) $(10+15) \cdot 20=25 \cdot 20=500$

k) $(72-18):9=54:9=6$

l) $7 \cdot 11+8=77+8=85$

m) $81:9-9=9-9=0$

2. a) $8-(5-2)=8-3=5$

b) $6+(6-3)=6+3=9$

c) $(45-9)+47=36+47=83$

d) $328-24 \cdot 3-8-3 \cdot 7=328-72-8-21=227$

e) $14 \cdot 5-3 \cdot 8+73-9 \cdot 3=70-24+73-27=92$

f) $2 \cdot (42-35)+3 \cdot (8-1)=2 \cdot 7+3 \cdot 7=14+21=35$

g) $41-2 \cdot (9-7)-2 \cdot (17-9) \;=41-2 \cdot 2-2 \cdot 8=41-4-16=21$

h) $(54+31)-8+(20-10)=85-8+10=87$

3.

	auf Zehner	auf Zehntel
a) 35,4821 ≈	40	35,5
b) 608,7412 ≈	610	608,7
c) 18,0098 ≈	20	18,0
d) 21,534 ≈	20	21,5
e) 101,101 ≈	100	101,1
f) 451,761 ≈	450	451,8

4.

	auf Zehntel	auf Hundertstel	auf Tausendstel
a) 8,1363 ≈	8,1	8,14	8,136
b) 2,8647 ≈	2,9	2,86	2,865
c) 3,2092 ≈	3,2	3,21	3,209
d) 0,6060 ≈	0,6	0,61	0,606
e) 11,9994 ≈	12,0	12,00	11,999
f) 18,0108 ≈	18,0	18,01	18,011

5. a) 7,08 m ≈ 7 m
651 cm = 6,51 m ≈ 7 m bzw. 700 cm
14,6471 km = 14 647,1 m ≈ 14 647 m bzw. 14,647 km

b) 86 mm = 8,6 cm ≈ 9 cm bzw. 90 mm
5,71 cm ≈ 6 cm
18,36 cm ≈ 18 cm

c) 21,37 g ≈ 21 g
0,7491 kg = 749,1 g ≈ 749 g bzw. 0,749 kg
9 533 mg = 9,533 g ≈ 10 g bzw. 10 000 mg

6. a) Überschlag: $785 + 698 \approx 800 + 700 = 1\,500$
genaues Ergebnis: $785 + 698 = 1\,483$

b) Überschlag: $847 - 521 \approx 800 - 500 = 300$
genaues Ergebnis: $847 - 521 = 326$

c) Überschlag: $67 \cdot 23 \approx 70 \cdot 20 = 1\,400$
genaues Ergebnis: $67 \cdot 23 = 1\,541$

d) Überschlag: $3\,210\,210 : 15 \approx 3\,000\,000 : 15 = 200\,000$
genaues Ergebnis: $3\,210\,210 : 15 = 214\,014$

e) Überschlag:
$861 + 1\,309 + 7\,482 + 5\,425 \approx 900 + 1\,300 + 7\,500 + 5\,400 = 15\,100$
genaues Ergebnis: $861 + 1\,309 + 7\,482 + 5\,425 = 15\,077$

f) Überschlag: $5\,561 - 562 - 622 \approx 5\,600 - 600 - 600 = 4\,400$
genaues Ergebnis: $5\,561 - 562 - 622 = 4\,377$

7. a) $2\,111 - 590 - 611{,}5 \approx 2\,100 - 600 - 600 = 900$

b) $28 \cdot 32 \approx 30 \cdot 30 = 900$

c) $8{,}8 \cdot 22 - 17 \approx 10 \cdot 20 - 20 = 180$ (niedrigstes Ergebnis)

d) $332 + 876 - 355 \approx 300 + 900 - 400 = 800$

e) $18 \cdot 19 \approx 20 \cdot 20 = 400$

f) $1\,836{,}8 : 6{,}21 \approx 1\,800 : 6 = 300$

g) $322 + 488 + 210{,}5 \approx 300 + 500 + 200 = 1\,000$ (höchstes Ergebnis)

h) $2\,110 : 2{,}8 \approx 2\,100 : 3 = 700$

8. a) $4 \cdot 14{,}90\ € \approx 4 \cdot 15\ € = 60\ €$

b) $17 \cdot 1{,}15\ € \approx 20 \cdot 1\ € = 20\ €$

9. $2{,}10\ € + 2 \cdot 1{,}19\ € + 5 \cdot 0{,}85\ € + 3 \cdot 2{,}49\ € \approx 2\ € + 2\ € + 5\ € + 6\ € = 15\ €$
Das Geld reicht noch für ein großes Eis.

10. Annahmen: Größe der Frau 1,70 m
Höhe des Kegels $h_k \approx 2 \cdot 1{,}70\text{ m} = 3{,}40\text{ m}$
Durchmesser $d \approx 2{,}5 \cdot 1{,}70\text{ m} = 4{,}25\text{ m} \Rightarrow r = 2{,}125\text{ m}$

$$V = \frac{1}{3} \cdot \pi \cdot r^2 \cdot h_K$$

$$V = \frac{1}{3} \cdot \pi \cdot (2{,}125\text{ m})^2 \cdot 3{,}40\text{ m}$$

$$V \approx 16\text{ m}^3$$

11. a) $\frac{2}{8} = \frac{1}{4} = 25\ \%$ b) $\frac{2}{5} = \frac{4}{10} = 0{,}4 = 40\ \%$

c) $\frac{9}{12} = \frac{3}{4} = 75\ \%$

d) $\frac{1}{4} = 25\ \%$

e) $\frac{2}{6} = \frac{1}{3} = 33\frac{1}{3}\ \% \approx 33\ \%$

f) $\frac{6}{10} = 0{,}6 = 60\ \%$

12. a)

b)

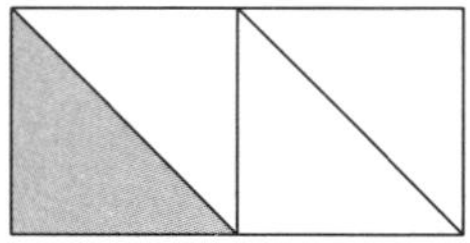

13. a) $1\frac{1}{4} = \frac{1 \cdot 4 + 1}{4} = \frac{5}{4}$

b) $3\frac{3}{10} = \frac{3 \cdot 10 + 3}{10} = \frac{33}{10}$

c) $3\frac{4}{5} = \frac{3 \cdot 5 + 4}{5} = \frac{19}{5}$

d) $2\frac{2}{3} = \frac{2 \cdot 3 + 2}{3} = \frac{8}{3}$

e) $6\frac{1}{6} = \frac{6 \cdot 6 + 1}{6} = \frac{37}{6}$

f) $1\frac{1}{9} = \frac{1 \cdot 9 + 1}{9} = \frac{10}{9}$

14. a) $\frac{37}{10} = \frac{30}{10} + \frac{7}{10} = 3\frac{7}{10}$

b) $\frac{16}{11} = \frac{11}{11} + \frac{5}{11} = 1\frac{5}{11}$

c) $\frac{9}{8} = \frac{8}{8} + \frac{1}{8} = 1\frac{1}{8}$

d) $\frac{12}{11} = \frac{11}{11} + \frac{1}{11} = 1\frac{1}{11}$

e) $\frac{32}{17} = \frac{17}{17} + \frac{15}{17} = 1\frac{15}{17}$

f) $\frac{36}{19} = \frac{19}{19} + \frac{17}{19} = 1\frac{17}{19}$

15. a) $\frac{1}{3} = \frac{1 \cdot 2}{3 \cdot 2} = \frac{2}{6}$; $\frac{1}{3} = \frac{1 \cdot 3}{3 \cdot 3} = \frac{3}{9}$; $\frac{1}{3} = \frac{1 \cdot 5}{3 \cdot 5} = \frac{5}{15}$; $\frac{1}{3} = \frac{1 \cdot 7}{3 \cdot 7} = \frac{7}{21}$;
$\frac{1}{3} = \frac{1 \cdot 10}{3 \cdot 10} = \frac{10}{30}$; $\frac{1}{3} = \frac{1 \cdot 13}{3 \cdot 13} = \frac{13}{39}$

b) $\frac{3}{4} = \frac{3 \cdot 3}{4 \cdot 3} = \frac{9}{12}$; $\frac{3}{4} = \frac{3 \cdot 5}{4 \cdot 5} = \frac{15}{20}$; $\frac{3}{4} = \frac{3 \cdot 8}{4 \cdot 8} = \frac{24}{32}$; $\frac{3}{4} = \frac{3 \cdot 9}{4 \cdot 9} = \frac{27}{36}$;
$\frac{3}{4} = \frac{3 \cdot 15}{4 \cdot 15} = \frac{45}{60}$; $\frac{3}{4} = \frac{3 \cdot 20}{4 \cdot 20} = \frac{60}{80}$; $\frac{3}{4} = \frac{3 \cdot 25}{4 \cdot 25} = \frac{75}{100}$

16. a) $\frac{6}{8}=\frac{6:2}{8:2}=\frac{3}{4}$

b) $\frac{6}{10}=\frac{6:2}{10:2}=\frac{3}{5}$

c) $\frac{6}{15}=\frac{6:3}{15:3}=\frac{2}{5}$

d) $\frac{18}{24}=\frac{18:6}{24:6}=\frac{3}{4}$

e) $\frac{15}{27}=\frac{15:3}{27:3}=\frac{5}{9}$

f) $\frac{21}{28}=\frac{21:7}{28:7}=\frac{3}{4}$

g) $\frac{25}{30}=\frac{25:5}{30:5}=\frac{5}{6}$

h) $\frac{20}{32}=\frac{20:4}{32:4}=\frac{5}{8}$

i) $\frac{14}{35}=\frac{14:7}{35:7}=\frac{2}{5}$

j) $\frac{28}{42}=\frac{28:14}{42:14}=\frac{2}{3}$

k) $\frac{36}{45}=\frac{36:9}{45:9}=\frac{4}{5}$

l) $\frac{21}{48}=\frac{21:3}{48:3}=\frac{7}{16}$

m) $\frac{52}{60}=\frac{52:4}{60:4}=\frac{13}{15}$

n) $\frac{70}{84}=\frac{70:14}{84:14}=\frac{5}{6}$

o) $\frac{96}{120}=\frac{96:24}{120:24}=\frac{4}{5}$

17. a) $\frac{56}{84}=\frac{56:28}{84:28}=\frac{2}{3}$

b) $\frac{36}{92}=\frac{36:4}{92:4}=\frac{9}{23}$

c) $\frac{45}{120}=\frac{45:15}{120:15}=\frac{3}{8}$

d) $\frac{96}{80}=\frac{96:16}{80:16}=\frac{6}{5}$

e) $\frac{48}{52}=\frac{48:4}{52:4}=\frac{12}{13}$

f) $\frac{35}{65}=\frac{35:5}{65:5}=\frac{7}{13}$

g) $\frac{65}{115}=\frac{65:5}{115:5}=\frac{13}{23}$

h) $\frac{42}{88}=\frac{42:2}{88:2}=\frac{21}{44}$

i) $\frac{75}{60}=\frac{75:15}{60:15}=\frac{5}{4}$

j) $\frac{80}{25}=\frac{80:5}{25:5}=\frac{16}{5}$

k) $\frac{52}{24}=\frac{52:4}{24:4}=\frac{13}{6}$

l) $\frac{126}{36}=\frac{126:18}{36:18}=\frac{7}{2}$

18. a) $\frac{1}{2}+\frac{1}{4}=\frac{2}{4}+\frac{1}{4}=\frac{3}{4}$

b) $\frac{3}{4}+\frac{5}{12}=\frac{9}{12}+\frac{5}{12}=\frac{14}{12}=\frac{7}{6}=1\frac{1}{6}$

c) $\frac{2}{3}+\frac{5}{9}=\frac{6}{9}+\frac{5}{9}=\frac{11}{9}=1\frac{2}{9}$

d) $\frac{5}{6}+\frac{6}{5}=\frac{25}{30}+\frac{36}{30}=\frac{61}{30}=2\frac{1}{30}$

e) $\frac{10}{21}+\frac{11}{14}=\frac{20}{42}+\frac{33}{42}=\frac{53}{42}=1\frac{11}{42}$

f) $\frac{3}{5}+\frac{5}{3}=\frac{9}{15}+\frac{25}{15}=\frac{34}{15}=2\frac{4}{15}$

g) $\frac{7}{9}+\frac{9}{7}=\frac{49}{63}+\frac{81}{63}=\frac{130}{63}=2\frac{4}{63}$

h) $\frac{3}{4}+\frac{5}{6}=\frac{9}{12}+\frac{10}{12}=\frac{19}{12}=1\frac{7}{12}$

i) $\frac{7}{18}+\frac{13}{24}=\frac{28}{72}+\frac{39}{72}=\frac{67}{72}$

19. a) $\frac{3}{8}-\frac{1}{4}=\frac{3}{8}-\frac{2}{8}=\frac{1}{8}$

b) $\frac{1}{5}-\frac{1}{7}=\frac{7}{35}-\frac{5}{35}=\frac{2}{35}$

c) $\frac{2}{3}-\frac{7}{12}=\frac{8}{12}-\frac{7}{12}=\frac{1}{12}$

d) $\frac{11}{12}-\frac{2}{3}=\frac{11}{12}-\frac{8}{12}=\frac{3}{12}=\frac{1}{4}$

e) $\frac{6}{7}-\frac{5}{8}=\frac{48}{56}-\frac{35}{56}=\frac{13}{56}$

f) $\frac{11}{12}-\frac{17}{20}=\frac{55}{60}-\frac{51}{60}=\frac{4}{60}=\frac{1}{15}$

20. a) $3\frac{7}{9}+1\frac{2}{3}=\frac{34}{9}+\frac{5}{3}=\frac{34}{9}+\frac{15}{9}=\frac{49}{9}=5\frac{4}{9}$

b) $6\frac{2}{3}+2\frac{4}{5}=\frac{20}{3}+\frac{14}{5}=\frac{100}{15}+\frac{42}{15}=\frac{142}{15}=9\frac{7}{15}$

c) $8\frac{1}{2}+5\frac{2}{7}=\frac{17}{2}+\frac{37}{7}=\frac{119}{14}+\frac{74}{14}=\frac{193}{14}=13\frac{11}{14}$

d) $3\frac{1}{8}+4\frac{3}{5}=\frac{25}{8}+\frac{23}{5}=\frac{125}{40}+\frac{184}{40}=\frac{309}{40}=7\frac{29}{40}$

e) $4\frac{1}{6}+2\frac{3}{4}=\frac{25}{6}+\frac{11}{4}=\frac{50}{12}+\frac{33}{12}=\frac{83}{12}=6\frac{11}{12}$

f) $8\frac{4}{9}+5\frac{5}{6}=\frac{76}{9}+\frac{35}{6}=\frac{152}{18}+\frac{105}{18}=\frac{257}{18}=14\frac{5}{18}$

21. a) $5\frac{1}{3}-3\frac{1}{2}=\frac{16}{3}-\frac{7}{2}=\frac{32}{6}-\frac{21}{6}=\frac{11}{6}=1\frac{5}{6}$

b) $7\frac{1}{3}-4\frac{3}{4}=\frac{22}{3}-\frac{19}{4}=\frac{88}{12}-\frac{57}{12}=\frac{31}{12}=2\frac{7}{12}$

c) $6\frac{4}{5}-5\frac{7}{12}=\frac{34}{5}-\frac{67}{12}=\frac{408}{60}-\frac{335}{60}=\frac{73}{60}=1\frac{13}{60}$

d) $3\frac{4}{7}-1\frac{5}{6}=\frac{25}{7}-\frac{11}{6}=\frac{150}{42}-\frac{77}{42}=\frac{73}{42}=1\frac{31}{42}$

e) $3\frac{2}{3}-2\frac{9}{10}=\frac{11}{3}-\frac{29}{10}=\frac{110}{30}-\frac{87}{30}=\frac{23}{30}$

f) $7\frac{3}{5}-5\frac{7}{8}=\frac{38}{5}-\frac{47}{8}=\frac{304}{40}-\frac{235}{40}=\frac{69}{40}=1\frac{29}{40}$

22. a) $\frac{\cancel{7}^{1}}{8}\cdot\frac{3}{\cancel{7}_{1}}=\frac{1\cdot 3}{8\cdot 1}=\frac{3}{8}$

b) $\frac{\cancel{3}^{1}}{\cancel{6}_{2}}\cdot\frac{\cancel{5}^{1}}{\cancel{5}_{1}}=\frac{1\cdot 1}{2\cdot 1}=\frac{1}{2}$

c) $\frac{2}{7}\cdot\frac{3}{5}=\frac{6}{35}$

d) $\frac{3}{4}\cdot\frac{5}{8}=\frac{15}{32}$

e) $\frac{1}{5}\cdot\frac{7}{12}=\frac{7}{60}$

f) $\frac{\cancel{3}^{1}}{\cancel{4}_{2}}\cdot\frac{\cancel{2}^{1}}{5}\cdot\frac{1}{\cancel{6}_{2}}=\frac{1\cdot 1\cdot 1}{2\cdot 5\cdot 2}=\frac{1}{20}$

g) $\frac{\cancel{8}^{2}}{\cancel{9}_{3}}\cdot\frac{\cancel{3}^{1}}{\cancel{4}_{1}}\cdot\frac{5}{6}=\frac{\cancel{2}^{1}\cdot 1\cdot 5}{3\cdot 1\cdot \cancel{6}_{3}}=\frac{1\cdot 1\cdot 5}{3\cdot 1\cdot 3}=\frac{5}{9}$

h) $\frac{\cancel{3}^1}{\cancel{4}_1} \cdot \frac{\cancel{8}^2}{\cancel{3}_1} \cdot \frac{7}{9} = \frac{1 \cdot 2 \cdot 7}{1 \cdot 1 \cdot 9} = \frac{14}{9} = 1\frac{5}{9}$

i) $\frac{\cancel{7}^1}{\cancel{8}_4} \cdot \frac{\cancel{2}^1}{\cancel{3}_1} \cdot \frac{\cancel{6}^2}{\cancel{7}_1} = \frac{1 \cdot 1 \cdot \cancel{2}^1}{\cancel{4}_2 \cdot 1 \cdot 1} = \frac{1 \cdot 1 \cdot 1}{2 \cdot 1 \cdot 1} = \frac{1}{2}$

23. a) $\frac{3}{5} \cdot 6 = \frac{18}{5} = 3\frac{3}{5}$

b) $\frac{3}{4} \cdot 5 = \frac{15}{4} = 3\frac{3}{4}$

c) $\cancel{3}^1 \cdot \frac{4}{\cancel{9}_3} = \frac{1 \cdot 4}{3} = \frac{4}{3} = 1\frac{1}{3}$

d) $\frac{2}{7} \cdot 4 = \frac{8}{7} = 1\frac{1}{7}$

e) $\cancel{5}^1 \cdot \frac{11}{\cancel{15}_3} = \frac{1 \cdot 11}{3} = \frac{11}{3} = 3\frac{2}{3}$

f) $\frac{11}{\cancel{18}_3} \cdot \cancel{12}^2 = \frac{11 \cdot 2}{3} = \frac{22}{3} = 7\frac{1}{3}$

g) $\frac{2}{7} \cdot 4\frac{1}{2} = \frac{\cancel{2}^1}{7} \cdot \frac{9}{\cancel{2}_1} = \frac{1 \cdot 9}{7 \cdot 1} = \frac{9}{7} = 1\frac{2}{7}$

h) $5\frac{5}{8} \cdot \frac{11}{15} = \frac{\cancel{45}^3}{8} \cdot \frac{11}{\cancel{15}_1} = \frac{3 \cdot 11}{8 \cdot 1} = \frac{33}{8} = 4\frac{1}{8}$

i) $\frac{11}{18} \cdot 2\frac{1}{4} = \frac{11}{\cancel{18}_2} \cdot \frac{\cancel{9}^1}{4} = \frac{11 \cdot 1}{2 \cdot 4} = \frac{11}{8} = 1\frac{3}{8}$

24. a) $\frac{2}{3} : \frac{3}{5} = \frac{2 \cdot 5}{3 \cdot 3} = \frac{10}{9} = 1\frac{1}{9}$

b) $\frac{4}{7} : \frac{3}{4} = \frac{4 \cdot 4}{7 \cdot 3} = \frac{16}{21}$

c) $\frac{5}{9} : \frac{6}{7} = \frac{5 \cdot 7}{9 \cdot 6} = \frac{35}{54}$

d) $\frac{3}{7} : \frac{7}{3} = \frac{3 \cdot 3}{7 \cdot 7} = \frac{9}{49}$

e) $\frac{10}{7} : \frac{11}{15} = \frac{10 \cdot 15}{7 \cdot 11} = \frac{150}{77} = 1\frac{73}{77}$

f) $\frac{7}{11} : \frac{9}{8} = \frac{7 \cdot 8}{11 \cdot 9} = \frac{56}{99}$

g) $\frac{5}{12} : \frac{4}{13} = \frac{5 \cdot 13}{12 \cdot 4} = \frac{65}{48} = 1\frac{17}{48}$

h) $\frac{4}{5} : \frac{2}{4} = \frac{\cancel{4}^{2} \cdot 4}{5 \cdot \cancel{2}_{1}} = \frac{2 \cdot 4}{5 \cdot 1} = \frac{8}{5} = 1\frac{3}{5}$

i) $\frac{4}{7} : \frac{8}{14} = \frac{\cancel{4}^{1} \cdot \cancel{14}^{2}}{\cancel{7}_{1} \cdot \cancel{8}_{2}} = \frac{1 \cdot \cancel{2}^{1}}{1 \cdot \cancel{2}_{1}} = 1$

25. a) $\frac{2}{5} : 3 = \frac{2}{5 \cdot 3} = \frac{2}{15}$

b) $\frac{4}{7} : 5 = \frac{4}{7 \cdot 5} = \frac{4}{35}$

c) $\frac{8}{9} : 7 = \frac{8}{9 \cdot 7} = \frac{8}{63}$

d) $4 : \frac{1}{3} = \frac{4 \cdot 3}{1} = 12$

e) $6 : \frac{1}{5} = \frac{6 \cdot 5}{1} = 30$

f) $3 : \frac{2}{3} = \frac{3 \cdot 3}{2} = \frac{9}{2} = 4\frac{1}{2}$

g) $\frac{3}{7} : 6 = \frac{\cancel{3}^{1}}{7 \cdot \cancel{6}_{2}} = \frac{1}{7 \cdot 2} = \frac{1}{14}$

h) $9 : \frac{3}{4} = \frac{\cancel{9}^{3} \cdot 4}{\cancel{3}_{1}} = \frac{3 \cdot 4}{1} = 12$

i) $\frac{12}{13} : 9 = \frac{\cancel{12}^{4}}{13 \cdot \cancel{9}_{3}} = \frac{4}{13 \cdot 3} = \frac{4}{39}$

26. a) $2\frac{4}{5} : 2 = \frac{14}{5} : 2 = \frac{\cancel{14}^{7}}{5 \cdot \cancel{2}_{1}} = \frac{7}{5 \cdot 1} = \frac{7}{5} = 1\frac{2}{5}$

b) $6\frac{2}{3} : 3\frac{1}{6} = \frac{20}{3} : \frac{19}{6} = \frac{20 \cdot \cancel{6}^{2}}{\cancel{3}_{1} \cdot 19} = \frac{20 \cdot 2}{1 \cdot 19} = \frac{40}{19} = 2\frac{2}{19}$

c) $1\frac{1}{4} : 3\frac{2}{5} = \frac{5}{4} : \frac{17}{5} = \frac{5 \cdot 5}{4 \cdot 17} = \frac{25}{68}$

d) $4\frac{2}{3} : 2\frac{1}{6} = \frac{14}{3} : \frac{13}{6} = \frac{14 \cdot \cancel{6}^{2}}{\cancel{3}_{1} \cdot 13} = \frac{14 \cdot 2}{1 \cdot 13} = \frac{28}{13} = 2\frac{2}{13}$

e) $9\frac{5}{12}:3\frac{2}{3}=\frac{113}{12}:\frac{11}{3}=\frac{113\cdot \cancel{3}^{1}}{\cancel{12}_{4}\cdot 11}=\frac{113\cdot 1}{4\cdot 11}=\frac{113}{44}=2\frac{25}{44}$

f) $9\frac{2}{7}:3\frac{1}{14}=\frac{65}{7}:\frac{43}{14}=\frac{65\cdot \cancel{14}^{2}}{\cancel{7}_{1}\cdot 43}=\frac{65\cdot 2}{1\cdot 43}=\frac{130}{43}=3\frac{1}{43}$

27. a) $7,045+4,817+28,34+18,46=58,662$

b) $0,94+12,4+129,92+14,7=157,96$

c) $8,61+13,09+74,82+54,25=150,77$

d) $9,98+1,384+51,98+14,3+0,5=78,144$

e) $0,0025897+0,000369+0,5197=0,5226587$

f) $0,003601+0,0025+0,02587+0,004=0,035971$

28. a) $40,6-23,2=17,4$

b) $556,1-56,21-6,22=493,67$

c) $100,5-12,698-0,056-8,53-17,026=62,19$

d) $95\,842-6\,398,5-4\,892,68-256,38-0,71=84\,293,73$

e) $99,654-0,0258-30,098-5,0071=64,5231$

f) $56\,236,4-4\,582,23-56,17-786,304-1=50\,810,696$

29. a) $41,6\cdot 5=208$

b) $1,49\cdot 7=10,43$

c) $36,5\cdot 7,21=263,165$

d) $42,05\cdot 1,7=71,485$

e) $7,63\cdot 1,95=14,8785$

f) $146,2\cdot 1,88=274,856$

g) $84,39\cdot 8,43=711,4077$

h) $23,70\cdot 0,095=2,2515$

i) $8,92\cdot 0,513=4,57596$

j) $105{,}97 \cdot 4{,}03 = 427{,}0591$

k) $47{,}103 \cdot 2{,}78 = 130{,}94634$

l) $0{,}029 \cdot 3{,}08 = 0{,}08932$

m) $0{,}008713 \cdot 0{,}0543 = 0{,}0004731159$

n) $750{,}06 \cdot 0{,}039 = 29{,}25234$

o) $6{,}25407 \cdot 3{,}1905 = 19{,}95361034$

30. a) $3{,}9 : 13 = 0{,}3$ b) $62{,}5 : 0{,}5 = 125$

c) $8{,}46 : 5 = 1{,}692$ d) $72 : 0{,}6 = 120$

e) $60 : 1{,}5 = 40$ f) $0{,}45 : 9 = 0{,}05$

g) $5 : 0{,}025 = 200$ h) $16{,}555 : 4{,}3 = 3{,}85$

i) $3{,}36 : 0{,}56 = 6$ j) $1 : 0{,}004 = 250$

k) $57{,}429 : 8{,}1 = 7{,}09$ l) $1{,}856 : 0{,}32 = 5{,}8$

m) $396{,}9972 : 81 = 4{,}9012$ n) $8{,}369955 : 1{,}85 = 4{,}5243$

o) $3{,}6963 : 0{,}008325 = 444$

31. a) $66 + (-79) = -13$ b) $-74 + (-81) = -155$

c) $-57 - (-94) = 37$ d) $96 + (-31) = 65$

e) $-48 - 68 = -116$ f) $-84 - 22 = -106$

g) $-50 + 140 = 90$ h) $-106 + 195 = 89$

i) $-70 + 180 = 110$ j) $220 - 137 = 83$

k) $160 - 300 = -140$ l) $-389 + 476 = 87$

m) $-146 - 135 = -281$ n) $-528 + 650 = 122$

o) $-1\,094 + 734 = -360$ p) $9\,999 - 1\,111 = 8\,888$

q) $-35 - 86 = -121$ r) $1\,111 - 9\,999 = -8\,888$

s) $-86 + 35 = -51$ t) $35 - 86 = -51$

u) $743 - 832 = -89$

32. a) $-(-5,3)+(-5,3)=5,3-5,3=0$

b) $-(3,5-8,7)+17,4=-(-5,2)+17,4=5,2+17,4=22,6$

c) $3,2+(-10,4+4,1)=3,2+(-6,3)=3,2-6,3=-3,1$

d) $-2,3+(5,9-9,5)+3=-2,3+(-3,6)+3=-2,3-3,6+3=-2,9$

e) $-(-4,5+57)+52,4=-52,5+52,4=-0,1$

f) $-(1-2)-(3-4)-(5-6)+(7+8)=-(-1)-(-1)-(-1)+15$
$=1+1+1+15=18$

33. a) $2\cdot(-3)=-6$

b) $-8\cdot(-9)=72$

c) $-20\cdot 15=-300$

d) $-3\cdot 4=-12$

e) $9\cdot(-7)=-63$

f) $-20\cdot(-15)=300$

g) $-4\cdot(-5)=20$

h) $-9\cdot(-9)=81$

i) $20\cdot 15=300$

j) $12\cdot(-4)=-48$

k) $5\cdot(-15)=-75$

l) $9\cdot(-14)=-126$

m) $-7\cdot 11=-77$

n) $16\cdot(-6)=-96$

o) $-14\cdot(-8)=112$

p) $-4\cdot(-13)=52$

q) $-7\cdot(-17)=119$

r) $3\cdot(-33)=-99$

s) $3\cdot(-3)=-9$

t) $-13\cdot(-13)=169$

u) $33\cdot(-7)=-231$

34. a) $32:(-8)=-4$

b) $-55:(-5)=11$

c) $-81:(-9)=9$

d) $-49:7=-7$

e) $63:(-7)=-9$

f) $81:(-9)=-9$

g) $-48:(-6)=8$

h) $-63:(-7)=9$

i) $81:9=9$

j) $726:(-33)=-22$

k) $-858:(-66)=13$

l) $-4\,802:49=-98$

m) $-484:44=-11$

n) $5\,092:(-76)=-67$

o) $-1\,491:71=-21$

p) $-935:55=-17$

q) $1\,104:(-23)=-48$

r) $2\,378:(-58)=-41$

35. a) $-8{,}25 \cdot 4 + 6{,}7 \cdot 3{,}5 - 8{,}2 + 6{,}7 \cdot 2{,}7 = -33 + 23{,}45 - 8{,}2 + 18{,}09 = 0{,}34$

b) $18{,}7 \cdot 4{,}3 - 2{,}1 \cdot 3{,}9 + 1{,}4 - 6 \cdot 3{,}9 = 80{,}41 - 8{,}19 + 1{,}4 - 23{,}4 = 50{,}22$

c) $-0{,}4 \cdot 1{,}5 - 1{,}5 - 6{,}8 \cdot 0{,}5 + 2{,}5 = -0{,}6 - 1{,}5 - 3{,}4 + 2{,}5 = -3$

d) $3{,}6 + 2{,}8 \cdot (2{,}2 - 12{,}2) + 3{,}9 \cdot (8{,}2 - 22{,}2) = 3{,}6 + 2{,}8 \cdot (-10) + 3{,}9 \cdot (-14) =$
$3{,}6 - 28 - 54{,}6 = -79$

e) $-(4{,}2 + 13{,}5) + 8{,}2 - 6{,}9 \cdot (0{,}8 + 12{,}2) = -(17{,}7) + 8{,}2 - 6{,}9 \cdot 13 =$
$-17{,}7 + 8{,}2 - 89{,}7 = -99{,}2$

f) $4{,}5 \cdot (0{,}4 - 0{,}8) - 2{,}7 - 1{,}5 \cdot (-7{,}3 + 8{,}7) = 4{,}5 \cdot (-0{,}4) - 2{,}7 - 1{,}5 \cdot 1{,}4 =$
$-1{,}8 - 2{,}7 - 2{,}1 = -6{,}6$

36. a) $-65{,}27 - 64{,}27 : (-4{,}32) + 28{,}3 \cdot (-0{,}75) \approx$
$-65{,}27 + 14{,}88 - 21{,}23 = -71{,}62$

b) $(-3{,}75) : 4{,}2 - 4{,}2 \cdot 2{,}23 + (-3{,}98) \cdot (-7{,}63) \approx -0{,}89 - 9{,}37 + 30{,}37 = 20{,}11$

c) $-248{,}69 - 303{,}49 : (-0{,}75) + 183{,}4 \cdot (-18{,}3) \approx$
$-248{,}69 + 404{,}65 - 3\,356{,}22 = -3\,200{,}26$

d) $0{,}48 \cdot (-13{,}65) + 4{,}65 : 0{,}75 - 3{,}75 - 4{,}9 \cdot 14{,}35 \approx$
$-6{,}55 + 6{,}2 - 3{,}75 - 70{,}32 = -74{,}42$

e) $-3{,}72 - 18{,}3 + 4{,}07 \cdot (-7{,}04) + 12{,}53 : (-0{,}75) + 10 \approx$
$-3{,}72 - 18{,}3 - 28{,}65 - 16{,}71 + 10 = -57{,}38$

f) $82 + 18 \cdot (-5{,}75) - (-12{,}6) : (-0{,}3) + 2{,}62 \cdot 7{,}85 \approx$
$82 - 103{,}5 - 42 + 20{,}57 = -42{,}93$

g) $-924{,}8 - 632{,}9 : 194{,}39 - 58{,}37 : 4{,}98 + 23{,}8 \cdot (-6{,}81) \approx$
$-924{,}8 - 3{,}26 - 11{,}72 - 162{,}08 = -1\,101{,}86$

h) $-35 : (-0{,}064) - 7{,}9 - 7{,}8 : 0{,}63 + 24{,}98 : (-0{,}35) \approx$
$546{,}88 - 7{,}9 - 12{,}38 - 71{,}37 = 455{,}23$

i) $85{,}69 \cdot (-4{,}58) + 8{,}61 : (-0{,}87) - 30{,}91 : 4{,}73 - 4{,}5 \cdot (-0{,}31) \approx$
$-392{,}46 - 9{,}90 - 6{,}53 + 1{,}40 = -407{,}49$

37. a) $4^2 = 16$ b) $5^2 = 25$
c) $37^2 = 1\,369$ d) $(-6)^2 = 36$
e) $(-17)^2 = 289$ f) $1\,000^2 = 1\,000\,000$
g) $0{,}3^2 = 0{,}09$ h) $0{,}9^2 = 0{,}81$
i) $(-0{,}11)^2 = 0{,}0121$ j) $0{,}37^2 = 0{,}1369$
k) $(-0{,}5)^2 = 0{,}25$ l) $0{,}006^2 = 0{,}000036$

38. a) $11^2 = 121$ b) $12^2 = 144$
c) $14^2 = 196$ d) $1{,}5^2 = 2{,}25$
e) $0{,}1^2 = 0{,}01$ f) $0{,}5^2 = 0{,}25$
g) $\left(\frac{1}{3}\right)^2 = \frac{1}{9}$ h) $\left(\frac{3}{4}\right)^2 = \frac{9}{16}$
i) $\left(\frac{5}{9}\right)^2 = \frac{25}{81}$ j) $\left(\frac{1}{4}\right)^2 = \frac{1}{16}$
k) $\left(\frac{2}{5}\right)^2 = \frac{4}{25}$ l) $\left(\frac{2}{7}\right)^2 = \frac{4}{49}$

39. a) $\sqrt{16} = 4$ b) $\sqrt{49} = 7$
c) $\sqrt{64} = 8$ d) $\sqrt{81} = 9$
e) $\sqrt{100} = 10$ f) $\sqrt{196} = 14$
g) $\sqrt{225} = 15$ h) $\sqrt{625} = 25$
i) $\sqrt{900} = 30$

40. a) $\sqrt{\frac{9}{16}} = \frac{3}{4}$ b) $\sqrt{\frac{1}{9}} = \frac{1}{3}$
c) $\sqrt{\frac{1}{36}} = \frac{1}{6}$ d) $\sqrt{\frac{1}{121}} = \frac{1}{11}$
e) $\sqrt{\frac{49}{100}} = \frac{7}{10}$ f) $\sqrt{\frac{16}{25}} = \frac{4}{5}$

41. a) $\sqrt{0,04} = 0,2$ b) $\sqrt{0,25} = 0,5$

c) $\sqrt{0,64} = 0,8$ d) $\sqrt{0,81} = 0,9$

e) $\sqrt{2,25} = 1,5$ f) $\sqrt{1,69} = 1,3$

g) $\sqrt{1,44} = 1,2$ h) $\sqrt{2,89} = 1,7$

i) $\sqrt{0,0004} = 0,02$

42. a) $5^3 = 5 \cdot 5 \cdot 5 = 125$

b) $2^5 = 2 \cdot 2 \cdot 2 \cdot 2 \cdot 2 = 32$

c) $3^4 = 3 \cdot 3 \cdot 3 \cdot 3 = 81$

43. a) $\sqrt{x} = 8 \quad \Rightarrow \quad x = 64$ denn $\sqrt{64} = 8$

b) $2^x = 16 \quad \Rightarrow \quad x = 4$ denn $2^4 = 16$

c) $x^3 = 27 \quad \Rightarrow \quad x = 3$ denn $3^3 = 27$

44. a) $9,8 \cdot 10 = 98$ b) $5,44 \cdot 10 = 54,4$

c) $0,035 \cdot 10 = 0,35$ d) $12,5 \cdot 100 = 1\,250$

e) $8,92 \cdot 100 = 892$ f) $9,45 \cdot 1\,000 = 9\,450$

g) $2,39 \cdot 1\,000 = 2\,390$ h) $0,236 \cdot 100 = 23,6$

i) $12,987 \cdot 1\,000 = 12\,987$ j) $0,2345 \cdot 1\,000 = 234,5$

k) $12,46 \cdot 10 = 124,6$ l) $65,643 \cdot 100 = 6\,564,3$

m) $9,56 \cdot 1\,000 = 9\,560$ n) $95,6 \cdot 1\,000 = 95\,600$

o) $5,673 \cdot 10\,000 = 56\,730$

45. a) $52,5 : 10 = 5,25$ b) $3,9 : 10 = 0,39$

c) $0,67 : 10 = 0,067$ d) $149,5 : 100 = 1,495$

e) $156,3 : 100 = 1,563$ f) $12,9 : 1\,000 = 0,0129$

g) $29\,560 : 1\,000 = 29,56$ h) $29,56 : 1\,000 = 0,02956$

i) $237,086 : 1\,000 = 0,237086$ j) $9\,000,56 : 10\,000 = 0,900056$

k) $567,34 : 1\,000 = 0,56734$ l) $0,562 : 100 = 0,00562$

46. a) $97\,345\,746\,234 \approx 97\,000\,000\,000 = 9{,}7 \cdot 10^{10}$

b) $3\,869\,765\,876\,234\,198 \approx 3\,900\,000\,000\,000\,000 = 3{,}9 \cdot 10^{15}$

c) $80\,578\,234{,}545 \approx 81\,000\,000 = 8{,}1 \cdot 10^{7}$

d) $99\,999\,999\,999\,999{,}899 \approx 100\,000\,000\,000\,000 = 1{,}0 \cdot 10^{14}$

47. a) $0{,}000000703 \approx 7{,}0 \cdot 10^{-7}$ b) $0{,}000035 \approx 3{,}5 \cdot 10^{-5}$

c) $0{,}009098 \approx 9{,}1 \cdot 10^{-3}$ d) $0{,}000000000999908 \approx 1{,}0 \cdot 10^{-9}$

48. a) $34{,}72 \cdot 10^{7} = 347\,200\,000$ b) $0{,}48 \cdot 10^{6} = 480\,000$

c) $987 \cdot 10^{8} = 98\,700\,000\,000$ d) $5{,}75 \cdot 10^{5} = 575\,000$

e) $1{,}7 \cdot 10^{9} = 1\,700\,000\,000$ f) $27 \cdot 10^{-7} = 0{,}0000027$

g) $76{,}23 \cdot 10^{-6} = 0{,}00007623$ h) $0{,}094 \cdot 10^{-8} = 0{,}00000000094$

i) $2{,}22 \cdot 10^{-9} = 0{,}00000000222$

49. $146\,600\,000\,000\ \text{m} = 1{,}466 \cdot 10^{11}\ \text{m}$

50. a) $5a - b + 2a + 3b = 7a + 2b$

b) $9y + 12 - 3y - 4 - 2y = 4y + 8$

c) $7x + 4y - 2 \cdot 3x - 10 - y = x + 3y - 10$

d) $8a + 7b + 5 - 5a + 4a - 5b + 1 + b = 7a + 3b + 6$

51. a) $12 + (x - 3) = 12 + x - 3 = x + 9$

b) $15 - (4x - 20) = 15 - 4x + 20 = -4x + 35$

c) $9x + (7x - 2) - 12 = 9x + 7x - 2 - 12 = 16x - 14$

d) $(9x - 7) - (5x - 16) = 9x - 7 - 5x + 16 = 4x + 9$

e) $36 - (9x - 12) + (10x - 17) = 36 - 9x + 12 + 10x - 17 = x + 31$

f) $(24x + 17) - (9x - 3) - (2x + 12) = 24x + 17 - 9x + 3 - 2x - 12 = 13x + 8$

52. a) $2(7+x)=2\cdot 7+2\cdot x=14+2x$

b) $(5-3x)\cdot 12=5\cdot 12-3x\cdot 12=60-36x$

c) $3(4x+15)-20=3\cdot 4x+3\cdot 15-20=12x+45-20=12x+25$

d) $8(x+5)-(3x-2)=8\cdot x+8\cdot 5-3x+2=8x+40-3x+2=5x+42$

e) $$\begin{aligned}6(3x-4)+(4x-1)\cdot 3&=6\cdot 3x-6\cdot 4+4x\cdot 3-1\cdot 3=18x-24+12x-3\\&=30x-27\end{aligned}$$

f) $$\begin{aligned}5(20-7x)-2(3x-20)&=5\cdot 20-5\cdot 7x-2\cdot 3x+2\cdot 20=100-35x-6x+40\\&=-41x+140\end{aligned}$$

g) $$\begin{aligned}25-(4x+9)-2(3x-12)&=25-4x-9-2\cdot 3x+2\cdot 12\\&=25-4x-9-6x+24=-10x+40\end{aligned}$$

h) $$\begin{aligned}\frac{1}{2}(6x-4)-\frac{2}{3}(18-12x)&=\frac{1}{\cancel{2}_1}\cdot \cancel{6}^3x-\frac{1}{\cancel{2}_1}\cdot \cancel{4}^2-\frac{2}{\cancel{3}_1}\cdot \cancel{18}^6+\frac{2}{\cancel{3}_1}\cdot \cancel{12}^4x\\&=3x-2-12+8x=11x-14\end{aligned}$$

53. a)

$9x+7=7x-16+13$	gleiche Terme zusammenfassen
$9x+7=7x-3$	-7
$9x=7x-10$	$-7x$
$2x=-10$	$:2$
$x=-5$	

b)

$\frac{x}{2}-2=15$	$+2$
$\frac{x}{2}=17$	$\cdot 2$
$x=34$	

c)

$12x+17-6x-5=18x+24+6x+12$	gleiche Terme zusammenfassen
$6x+12=24x+36$	$-24x$
$-18x+12=36$	-12
$-18x=24$	$:(-18)$
$x=-\frac{\cancel{24}^4}{\cancel{18}_3}$	
$x=-\frac{4}{3}$	

d) $5z-1+2z-3=2$ | gleiche Terme zusammenfassen

$$\begin{aligned} 7z-4&=2 &&|+4\\ 7z&=6 &&|:7\\ z&=\frac{6}{7} \end{aligned}$$

e) $-81-4x+11=6x+10+30x$ | gleiche Terme zusammenfassen

$$\begin{aligned} -4x-70&=36x+10 &&|-36x\\ -40x-70&=10 &&|+70\\ -40x&=80 &&|:(-40)\\ x&=-2 \end{aligned}$$

f) $(x+3)+7=0$ | Klammer auflösen

$$\begin{aligned} x+3+7&=0 &&|\text{gleiche Terme zusammenfassen}\\ x+10&=0 &&|-10\\ x&=-10 \end{aligned}$$

g) $(3x+4)-(x-3)=14$ | Klammern auflösen

$$\begin{aligned} 3x+4-x+3&=14 &&|\text{gleiche Terme zusammenfassen}\\ 2x+7&=14 &&|-7\\ 2x&=7 &&|:2\\ x&=\frac{7}{2} \end{aligned}$$

h) $3(x-1)+\frac{1}{2}(4-6x)+x=28$ | Klammern auflösen

$$\begin{aligned} 3x-3+2-3x+x&=28 &&|\text{gleiche Terme zusammenfassen}\\ x-1&=28 &&|+1\\ x&=29 \end{aligned}$$

54. a) $x+3$ b) $x+12$

c) $x+45$ d) $37+x$

e) $x-9$ f) $x-7$

g) $7-x$ h) $x-14$

i) $5x$ j) $35x$

k) $10x$ l) $7x\cdot 12$

m) $\frac{x}{2}$ oder $x:2$

n) $\frac{x}{4}$ oder $x:4$

o) $\frac{x}{25}$ oder $x:25$

p) $\frac{25}{x}$ oder $25:x$

q) $\frac{66}{x}$ oder $66:x$

r) $\frac{x}{66}$ oder $x:66$

s) $\frac{17x}{100}$ oder $17x:100$

55. a) $(28+172)\cdot 8\cdot (x-7)=200(8x-56)=1\,600x-11\,200$

b) $(12x+34):[24\cdot(321-123)]=(12x+34):[24\cdot 198]=\frac{12x+34}{4\,752}$

c) $5(12x\cdot 7)+8(25-4x)=420x+200-32x=388x+200$

d) $(12,675-22,075)\cdot 2\cdot(20+10x)=-9,4(40+20x)=-376-188x$

e) $8(x-25)-12\left(\frac{x}{3}+15\right)=(8x-200)-(4x+180)=8x-200-4x-180$
$=4x-380$

f) $10(x\cdot 5)-2(40+x+12)=50x-2(x+52)=50x-2x-104=48x-104$

56. a)
$$\begin{aligned} 5x+18&=2x && \mid -2x-18 \\ 3x&=-18 && \mid :3 \\ x&=-6 \end{aligned}$$

b)
$$\begin{aligned} 4x-3&=2x+9 && \mid -2x+3 \\ 2x&=12 && \mid :2 \\ x&=6 \end{aligned}$$

c)
$$\begin{aligned} 8x+9&=27-2x && \mid +2x-9 \\ 10x&=18 && \mid :10 \\ x&=1,8 \end{aligned}$$

d) $3x - 15 + 7x = 55$

$$10x - 15 = 55 \quad |+15$$

$$10x = 70 \quad |:10$$

$$x = 7$$

57. x: Preis für einen Reifen

$$4x + 18 = 278 \quad |-18$$

$$4x = 260 \quad |:4$$

$$x = 65$$

Ein Sommerreifen kostet 65 €.

58. x: Preis für ein Brötchen

$$5x + 2,4 = 4,65 \quad |-2,4$$

$$5x = 2,25 \quad |:5$$

$$x = 0,45$$

Ein Brötchen kostet 45 ct.

59. u = 45 cm; a = b = c (gleichseitiges Dreieck)

$$a + a + a = 45$$

$$3a = 45 \quad |:3$$

$$a = 15$$

Eine Seite ist 15 cm lang.

60. a)

mm	cm	dm
750	75	7,5
950	95	9,5
65	6,5	0,65

b)

cm	dm	m
825	82,5	8,25
87,5	8,75	0,875
42,8	4,28	0,428

c)

m	cm	mm
0,29	29	290
0,85	85	850
0,023	2,3	23

61. a)

dm^2	cm^2	mm^2
0,21	21	2 100
5	500	50 000
0,7825	78,25	7 825

b)

m^2	dm^2	cm^2
0,45	45	4 500
0,05	5	500
3,25	325	32 500

c)

km^2	ha	a
32	3 200	320 000
78	7 800	780 000
0,054	5,4	540

62. a)

dm^3	cm^3	mm^3
7	7 000	7 000 000
0,4	400	400 000
0,0075	7,5	7 500

b)

m^3	dm^3	cm^3
4,5	4 500	4 500 000
0,012	12	12 000
0,98	980	980 000

c)

m^3	hℓ	ℓ
6,01	60,1	6 010
1,275	12,75	1 275
150	1 500	150 000

63. a) 7,6 kg = 7 600 g

b) 379 g = 0,379 kg

c) 6,5 g = 6 500 mg

d) 6 700 mg = 6,7 g

e) 250 mg = 0,25 g

f) 8 349 kg = 8,349 t

g) 2,95 t = 2 950 kg

h) 0,015 t = 15 kg

i) 0,004 kg = 4 g = 4 000 mg

64. a) 5,436 kg + 672 g = 5,436 kg + 0,672 kg = 6,108 kg

b) 8 750 g – 6,435 kg = 8,750 kg – 6,435 kg = 2,315 kg

c) 12,450 t – 2 375 kg = 12,450 t – 2,375 t = 10,075 t

d) 250 t – 250 kg = 250 t – 0,250 t = 249,75 t

e) 43 g + 2 500 mg = 43 g + 2,5 g = 45,5 g

f) 7,05 g – 3 580 mg = 7,05 g – 3,58 g = 3,47 g

65. a) 6 h = 360 min

b) 600 s = 10 min

c) 25 min = 1 500 s

d) $2\frac{1}{2}$ d = 60 h

e) 30 min = 0,5 h

f) $1\frac{3}{4}$ d = 42 h = 2 520 min

66.

Abfahrt	13:45 Uhr	0:10 Uhr	6:12 Uhr
Ankunft	21:15 Uhr	8:45 Uhr	11:38 Uhr
Fahrzeit	7 h 30 min	8 h 35 min	5 h 26 min

Abfahrt	21:25 Uhr	19:10 Uhr	21:02 Uhr
Ankunft	4:20 Uhr	2:55 Uhr	9:09 Uhr
Fahrzeit	6 h 55 min	7 h 45 min	12 h 7 min

67. a) 3,4 km + 250 m + 3 500 dm = 3 400 m + 250 m + 350 m = 4 000 m

b) 2 500 km^2 + 250 ha + 250 a = 250 000 ha + 250 ha + 2,5 ha = 250 252,5 ha

c) 1 700 mm^2 – 7 cm^2 + 70 dm^2 = 17 cm^2 – 7 cm^2 + 7 000 cm^2 = 7 010 cm^2

d) 3 000 cm^3 + 2 ℓ + 5,5 m^3 = 3 ℓ + 2 ℓ + 5 500 ℓ = 5 505 ℓ

e) 4 500 mm^3 – 0,5 cm^3 + 1 dm^3 = 4,5 cm^3 – 0,5 cm^3 + 1 000 cm^3 = 1 004 cm^3

f) 0,5 t + 4 500 g + 95,5 kg = 500 kg + 4,5 kg + 95,5 kg = 600 kg

68. a) Ein Eimer hat ein Fassungsvermögen von 10 ℓ.

b) Der Unterarm eines Erwachsenen ist ca. 30 cm lang.

c) In eine Badewanne passen ca. 160 000 cm^3 (mℓ) Wasser.

d) Ein 5-€-Schein hat eine Fläche von 74,4 cm^2.

e) Ein Fahrradreifen hat einen Durchmesser von ca. 630 mm.

69. a)

$$
\begin{array}{rrcll}
:350 \,(& 350\text{ km} & \hat{=} & 28\ \ell &):350 \\
\cdot 270 \,(& 1\text{ km} & \hat{=} & 0{,}08\ \ell &)\cdot 270 \\
 & 270\text{ km} & \hat{=} & \underline{\underline{21{,}6\ \ell}} &
\end{array}
$$

b)

$$\begin{array}{lrcll} :28 & 28\,\ell & \hat{=} & 350\text{ km} & :28 \\ \cdot 35 & 1\,\ell & \hat{=} & 12{,}5\text{ km} & \cdot 35 \\ & 35\,\ell & \hat{=} & \underline{\underline{437{,}5\text{ km}}} & \end{array}$$

70.

$$\begin{array}{lrcll} :36 & 36\text{ cm} & \hat{=} & 90\text{ min} & :36 \\ \cdot 170 & 1\text{ cm} & \hat{=} & 2{,}5\text{ min} & \cdot 170 \\ & 170\text{ cm} & \hat{=} & \underline{\underline{425\text{ min} = 7\text{ h }5\text{ min}}} & \end{array}$$

71. a)

$$\begin{array}{lrcll} :4 & 4\text{ h} & \hat{=} & 120\text{ cm} & :4 \\ \cdot 9 & 1\text{ h} & \hat{=} & 30\text{ cm} & \cdot 9 \\ & 9\text{ h} & \hat{=} & \underline{\underline{270\text{ cm}}} & \end{array}$$

b)

$$\begin{array}{lrcll} :120 & 120\text{ cm} & \hat{=} & 4\text{ h} & :120 \\ \cdot 18\,000 & 1\text{ cm} & \hat{=} & \frac{4}{120}\text{ h} & \cdot 18\,000 \\ & 18\,000\text{ cm} & \hat{=} & \underline{\underline{600\text{ h} = 25\text{ Tage}}} & \end{array}$$

72.

$$\begin{array}{lrcll} :15 & 15\text{ m} & \hat{=} & 10\text{ Tage} & :15 \\ \cdot 21 & 1\text{ m} & \hat{=} & \frac{10}{15}\text{ Tage} & \cdot 21 \\ & 21\text{ m} & \hat{=} & \underline{\underline{14\text{ Tage}}} & \end{array}$$

73. a)

$$\begin{array}{lrcll} :34 & 34\text{ min} & \hat{=} & 8{,}5\text{ km} & :34 \\ \cdot 60 & 1\text{ min} & \hat{=} & 0{,}25\text{ km} & \cdot 60 \\ & 60\text{ min} & \hat{=} & \underline{\underline{15\text{ km}}} & \end{array}$$

Sebastian fährt 15 km/h.

b) 42 Minuten: $42 \cdot 0{,}25\text{ km} = 10{,}5\text{ km}$
50 Minuten: $50 \cdot 0{,}25\text{ km} = 12{,}5\text{ km}$
8 Minuten: $8 \cdot 0{,}25\text{ km} = 2\text{ km}$
120 Minuten: $120 \cdot 0{,}25\text{ km} = 30\text{ km}$

74.

$$\begin{array}{lrcll} :600 & 600\,€ & \mathrel{\hat{=}} & 21\,000\text{ Baht} & :600 \\ \cdot 45 & 1\,€ & \mathrel{\hat{=}} & 35\text{ Baht} & \cdot 45 \\ & 45\,€ & \mathrel{\hat{=}} & \underline{\underline{1\,575\text{ Baht}}} & \end{array}$$

75.

$$\begin{array}{lrcll} :8{,}5 & 8{,}50\,€ & \mathrel{\hat{=}} & 500\text{ g} & :8{,}5 \\ \cdot 3{,}74 & 1\,€ & \mathrel{\hat{=}} & \dfrac{500}{8{,}5}\text{ g} & \cdot 3{,}74 \\ & 3{,}74\,€ & \mathrel{\hat{=}} & \underline{\underline{220\text{ g}}} & \end{array}$$

76.

$$\begin{array}{lrcll} :4 & 4\text{ Maschinen} & \mathrel{\hat{=}} & 9\text{ h} & \cdot 4 \\ \cdot 6 & 1\text{ Maschine} & \mathrel{\hat{=}} & 36\text{ h} & :6 \\ & 6\text{ Maschinen} & \mathrel{\hat{=}} & \underline{\underline{6\text{ h}}} & \end{array}$$

77.

$$\begin{array}{lrcll} :3 & 3\text{ Bagger} & \mathrel{\hat{=}} & 60\text{ h} & \cdot 3 \\ \cdot 5 & 1\text{ Bagger} & \mathrel{\hat{=}} & 180\text{ h} & :5 \\ & 5\text{ Bagger} & \mathrel{\hat{=}} & \underline{\underline{36\text{ h}}} & \end{array}$$

78.

$$\begin{array}{lrcll} :14 & 14\text{ Tage} & \mathrel{\hat{=}} & 7{,}50\,€ & \cdot 14 \\ \cdot 10 & 1\text{ Tag} & \mathrel{\hat{=}} & 105\,€ & :10 \\ & 10\text{ Tage} & \mathrel{\hat{=}} & \underline{\underline{10{,}50\,€}} & \end{array}$$

79. a)

$$\begin{array}{lrcll} :60 & 60\,\ell & \mathrel{\hat{=}} & 140\text{ Tage} & \cdot 60 \\ \cdot 75 & 1\,\ell & \mathrel{\hat{=}} & 8\,400\text{ Tage} & :75 \\ & 75\,\ell & \mathrel{\hat{=}} & \underline{\underline{112\text{ Tage}}} & \end{array}$$

b)

$$\begin{array}{lrcll} :140 & 140\text{ Tage} & \mathrel{\hat{=}} & 60\,\ell & \cdot 140 \\ \cdot 150 & 1\text{ Tag} & \mathrel{\hat{=}} & 8\,400\,\ell & :150 \\ & 150\text{ Tage} & \mathrel{\hat{=}} & \underline{\underline{56\,\ell}} & \end{array}$$

80. a)

$$\begin{array}{l r c l l} :50 & 50\text{ Personen} & \triangleq & 13{,}50\text{ €} & \cdot 50 \\ \cdot 45 & 1\text{ Person} & \triangleq & 675\text{ €} & :45 \\ & 45\text{ Personen} & \triangleq & \underline{\underline{15\text{ €}}} & \end{array}$$

b)

$$\begin{array}{l r c l l} :13{,}5 & 13{,}50\text{ €} & \triangleq & 50\text{ Personen} & \cdot 13{,}5 \\ \cdot 12{,}5 & 1\text{ €} & \triangleq & 675\text{ Personen} & :12{,}5 \\ & 12{,}50\text{ €} & \triangleq & \underline{\underline{54\text{ Personen}}} & \end{array}$$

81. a) Nach 2 Tagen hätten 24 Arbeiter für die restliche Arbeit noch 6 Tage gebraucht. $24-8=16$ Arbeiter brauchen dann noch:

$$\begin{array}{l r c l l} :24 & 24\text{ Arbeiter} & \triangleq & 6\text{ Tage} & \cdot 24 \\ \cdot 16 & 1\text{ Arbeiter} & \triangleq & 144\text{ Tage} & :16 \\ & 16\text{ Arbeiter} & \triangleq & \underline{\underline{9\text{ Tage}}} & \end{array}$$

b) Der Bauauftrag verzögert sich um 3 Tage.

82.

$$\begin{array}{l r c l l} :150 & 150\text{ m}^2 & \triangleq & 2\,700\text{ Dachziegel} & :150 \\ \cdot 240 & 1\text{ m}^2 & \triangleq & 18\text{ Dachziegel} & \cdot 240 \\ & 240\text{ m}^2 & \triangleq & \underline{\underline{4\,320\text{ Dachziegel}}} & \end{array}$$

83.

$$\begin{array}{l r c l l} :37{,}5 & 37{,}5\text{ h} & \triangleq & 397{,}50\text{ €} & :37{,}5 \\ \cdot 44 & 1\text{ h} & \triangleq & 10{,}60\text{ €} & \cdot 44 \\ & 44\text{ h} & \triangleq & \underline{\underline{466{,}40\text{ €}}} & \end{array}$$

84.

$$\begin{array}{l r c l l} :3\,000 & 3000\text{ m} & \triangleq & 19\text{ min} = 1140\text{ s} & :3\,000 \\ \cdot 400 & 1\text{ m} & \triangleq & 0{,}38\text{ s} & \cdot 400 \\ & 400\text{ m} & \triangleq & 152\text{ s} = \underline{\underline{2\text{ min }32\text{ s}}} & \end{array}$$

85.

$$\begin{array}{l r c l l} :50 & 50\text{ Personen} & \triangleq & 51{,}98\text{ €} & \cdot 50 \\ \cdot 44 & 1\text{ Person} & \triangleq & 2\,599\text{ €} & :44 \\ & 44\text{ Personen} & \triangleq & \underline{\underline{59{,}07\text{ €}}} & \end{array}$$

86. *Achtung:* Die Kosten für die elektrische Energie (2,88 €) sind für die Berechnung der Aufgabe bedeutungslos, da nur nach der Brennzeit der LED-Lampe gefragt wird.

$$\begin{array}{lrcll} :8 & 40\text{ Watt} & \widehat{=} & 240\text{ h} & \cdot 8 \\ & 5\text{ Watt} & \widehat{=} & \underline{\underline{1\,920\text{ h}}} & \end{array}$$

87.

$$\begin{array}{lrcll} :14 & 14\text{ Tage} & \widehat{=} & 120\text{ €} & \cdot 14 \\ & 1\text{ Tag} & \widehat{=} & 1\,680\text{ €} & \\ \cdot 21 & 21\text{ Tage} & \widehat{=} & \underline{\underline{80\text{ €}}} & :21 \end{array}$$

88.

$$\begin{array}{lrcll} :3{,}5 & 3{,}5\ \ell & \widehat{=} & 360\text{ km} & \cdot 3{,}5 \\ & 1\ \ell & \widehat{=} & 1\,260\text{ km} & \\ \cdot 4{,}5 & 4{,}5\ \ell & \widehat{=} & \underline{\underline{280\text{ km}}} & :4{,}5 \end{array}$$

89.

$$\begin{array}{lrcll} :100 & 100\ \% & \widehat{=} & 857\text{ €} & :100 \\ & 1\ \% & \widehat{=} & 8{,}57\text{ €} & \\ \cdot 18 & 18\ \% & \widehat{=} & \underline{\underline{154{,}26\text{ €}}} & \cdot 18 \end{array}$$

90.

$$\begin{array}{lrcll} :70 & 70\ \% & \widehat{=} & 100{,}80\text{ €} & :70 \\ & 1\ \% & \widehat{=} & 1{,}44\text{ €} & \\ \cdot 100 & 100\ \% & \widehat{=} & \underline{\underline{144\text{ €}}} & \cdot 100 \end{array}$$

91.

$$\begin{array}{lrcll} :100 & 300 & \widehat{=} & 100\ \% & :100 \\ & 3 & \widehat{=} & 1\ \% & \\ \cdot 12 & 36 & \widehat{=} & \underline{\underline{12\ \%}} & \cdot 12 \end{array}$$

92.

	a)	b)	c)	d)
Grundwert	32 €	78 €	120 €	240 €
Prozentsatz	15 %	64 %	37 %	86 %
Prozentwert	4,80 €	49,92 €	44,40 €	206,40 €

	e)	f)	g)	h)
Grundwert	725 €	1 050 €	1 255 €	490 €
Prozentsatz	11 %	41 %	72 %	107 %
Prozentwert	79,75 €	430,50 €	903,60 €	524,30 €

93.

$$\begin{array}{rrcll} :100 & 100\,\% & \triangleq & 686\ € & :100 \\ & 1\,\% & \triangleq & 6{,}86\ € & \\ \cdot 35 & 35\,\% & \triangleq & \underline{\underline{240{,}10\ €}} & \cdot 35 \end{array}$$

Für das Schülercafé werden 240,10 € zur Verfügung gestellt, für Spielgeräte 686 € – 240,10 € = 445,90 €.

94.

$$\begin{array}{rrcll} :40 & 40\,\% & \triangleq & 364\ € & :40 \\ & 1\,\% & \triangleq & 9{,}10\ € & \\ \cdot 100 & 100\,\% & \triangleq & \underline{\underline{910\ €}} & \cdot 100 \end{array}$$

95.

$$\begin{array}{rrcll} :32 & 32\,\% & \triangleq & 1\,154\,336 & :32 \\ & 1\,\% & \triangleq & 36\,073 & \\ \cdot 100 & 100\,\% & \triangleq & \underline{\underline{3\,607\,300}} & \cdot 100 \end{array}$$

96.

$$\begin{array}{rrcll} :100 & 100\,\% & \triangleq & 640\text{ Kinder} & :100 \\ & 1\,\% & \triangleq & 6{,}4\text{ Kinder} & \\ \cdot 20 & 20\,\% & \triangleq & \underline{\underline{128\text{ Kinder}}} & \cdot 20 \end{array}$$

97.

$$\begin{array}{rrcll} :480 & 480\text{ Kinder} & \triangleq & 100\,\% & :480 \\ & 1\text{ Kind} & \triangleq & \frac{100}{480}\,\% & \\ \cdot 168 & 168\text{ Kinder} & \triangleq & \underline{\underline{35\,\%}} & \cdot 168 \end{array}$$

98. $210+96+186+45+136+63=736$

$$
\begin{array}{lrcll}
:736 & 736 \text{ Mofas} & \hat{=} & 100\,\% & :736 \\
\cdot 210 & 1 \text{ Mofa} & \hat{=} & \frac{100}{736}\,\% & \cdot 210 \\
 & 210 \text{ Mofas} & \hat{=} & 28{,}5\,\% & \text{(keine Mängel)} \\
 & 96 \text{ Mofas} & \hat{=} & 13{,}0\,\% & \text{(Bremsanlage)} \\
 & 186 \text{ Mofas} & \hat{=} & 25{,}3\,\% & \text{(Beleuchtung)} \\
 & 45 \text{ Mofas} & \hat{=} & 6{,}1\,\% & \text{(Reifen)} \\
 & 136 \text{ Mofas} & \hat{=} & 18{,}5\,\% & \text{(Auspuffanlage)} \\
 & 63 \text{ Mofas} & \hat{=} & 8{,}6\,\% & \text{(Motor getunt)}
\end{array}
$$

99.

$$
\begin{array}{lrcll}
:12 & 12\,\% & \hat{=} & 78 \text{ Kinder} & :12 \\
\cdot 100 & 1\,\% & \hat{=} & 6{,}5 \text{ Kinder} & \cdot 100 \\
 & 100\,\% & \hat{=} & \underline{\underline{650 \text{ Kinder}}} &
\end{array}
$$

100. a)

$$
\begin{array}{lrcll}
:22 & 22\,\% & \hat{=} & 219{,}78\text{ €} & :22 \\
\cdot 100 & 1\,\% & \hat{=} & 9{,}99\text{ €} & \cdot 100 \\
 & 100\,\% & \hat{=} & \underline{\underline{999\text{ €}}} &
\end{array}
$$

b) Tina bezahlt 999 € – 219,78 € = 779,22 €.

101. Gewinn in Euro:

7 761,12 € – 5 624 € = 2 137,12 €

Gewinn in Prozent:

$$
\begin{array}{lrcll}
:5\,624 & 5\,624\text{ €} & \hat{=} & 100\,\% & :5\,624 \\
\cdot 2\,137{,}12 & 1\text{ €} & \hat{=} & \frac{100}{5\,624}\,\% & \cdot 2\,137{,}12 \\
 & 2\,137{,}12\text{ €} & \hat{=} & \underline{\underline{38\,\%}} &
\end{array}
$$

102. a)

$$
\begin{array}{lrcll}
:18{,}9 & 18{,}9\,\% & \hat{=} & 2\,268 \text{ Kühlschränke} & :18{,}9 \\
\cdot 100 & 1\,\% & \hat{=} & 120 \text{ Kühlschränke} & \cdot 100 \\
 & 100\,\% & \hat{=} & \underline{\underline{12\,000 \text{ Kühlschränke}}} &
\end{array}
$$

b)
$$\begin{array}{lrcll}
:100 & 100\,\% & \triangleq & 12\,000 \text{ Kühlschränke} & :100\\
\cdot 19{,}8 & 1\,\% & \triangleq & 120 \text{ Kühlschränke} & \cdot 19{,}8\\
 & 19{,}8\,\% & \triangleq & \underline{\underline{2\,376 \text{ Kühlschränke}}} &
\end{array}$$

c)
$$\begin{array}{lrcll}
:12\,000 & 12\,000 \text{ Kühlschränke} & \triangleq & 100\,\% & :12\,000\\
\cdot 2\,412 & 1 \text{ Kühlschrank} & \triangleq & \frac{100}{12\,000}\,\% & \cdot 2\,412\\
 & 2\,412 \text{ Kühlschränke} & \triangleq & \underline{\underline{20{,}1\,\%}} &
\end{array}$$

d) $12\,000-(2\,268+2\,376+2\,412)=12\,000-7\,056=4\,944$

$$\begin{array}{lrcll}
:12\,000 & 12\,000 \text{ Kühlschränke} & \triangleq & 100\,\% & :12\,000\\
\cdot 4\,944 & 1 \text{ Kühlschrank} & \triangleq & \frac{100}{12\,000}\,\% & \cdot 4\,944\\
 & 4\,944 \text{ Kühlschränke} & \triangleq & \underline{\underline{41{,}2\,\%}} &
\end{array}$$

Er bekommt 4 944 Kühlschränke bzw. 41,2 % der gesamten Produktion.

103. a)
$$\begin{array}{lrcll}
:100 & 100\,\% & \triangleq & 5\,880\text{ €} & :100\\
\cdot 2 & 1\,\% & \triangleq & 58{,}80\text{ €} & \cdot 2\\
 & 2\,\% & \triangleq & \underline{\underline{117{,}60\text{ €}}} &
\end{array}$$

$5\,880\text{ €}-117{,}60\text{ €}+313{,}50\text{ €}=6\,075{,}90\text{ €}$

Das Motorrad kostet mit Bankfinanzierung 6 075,90 €.

b) Kaufpreis Händler:
$$\begin{array}{lrcll}
:100 & 100\,\% & \triangleq & 5\,880\text{ €} & :100\\
\cdot 15 & 1\,\% & \triangleq & 58{,}80\text{ €} & \cdot 15\\
 & 15\,\% & \triangleq & \underline{\underline{882\text{ €}}} &
\end{array}$$

$882\text{ €}+18\cdot 320\text{ €}=6\,642\text{ €}$

Das Bankangebot ist um $6\,642\text{ €}-6\,075{,}90\text{ €}=566{,}10\text{ €}$ günstiger.

104. a)
$$\begin{array}{lrcll}
:100 & 100\,\% & \triangleq & 4\,800\text{ WuW} & :100\\
\cdot 70 & 1\,\% & \triangleq & 48\text{ WuW} & \cdot 70\\
 & 70\,\% & \triangleq & \underline{\underline{3\,360\text{ WuW}}} &
\end{array}$$

b) $3\,360-(1\,350+750+1\,100)=3\,360-3\,200=160$

c)

$$\begin{array}{r|rcl|l} :3\,200 & 3\,200 \text{ Stimmen} & \hat{=} & 100\ \% & :3\,200 \\ \cdot 1\,350 & 1 \text{ Stimme} & \hat{=} & 0{,}03125\ \% & \cdot 1\,350 \\ & 1\,350 \text{ Stimmen} & \hat{=} & 42{,}2\ \% & \text{(Kandidatin A)} \\ & 750 \text{ Stimmen} & \hat{=} & 23{,}4\ \% & \text{(Kandidatin B)} \\ & 1\,100 \text{ Stimmen} & \hat{=} & 34{,}4\ \% & \text{(Kandidatin C)} \end{array}$$

d)

$$\begin{array}{r|rcl|l} :5\,100 & 5\,100 \text{ BuB} & \hat{=} & 100\ \% & :5\,100 \\ \cdot 3\,825 & 1 \text{ BuB} & \hat{=} & \frac{100}{5\,100}\ \% & \cdot 3\,825 \\ & 3\,825 \text{ BuB} & \hat{=} & \underline{\underline{75\ \%}} & \end{array}$$

105. a) $5\,680\ € - 3\,775\ € = 1\,905\ €$

b)

$$\begin{array}{r|rcl|l} :5\,680 & 5\,680\ € & \hat{=} & 100\ \% & :5\,680 \\ \cdot 3\,775 & 1\ € & \hat{=} & \frac{100}{5\,680}\ \% & \cdot 3\,775 \\ & 3\,775\ € & \hat{=} & \approx \underline{\underline{66{,}5\ \%}} & \end{array}$$

106.

$$\begin{array}{r|rcl|l} :17{,}5 & 17{,}5\ \% & \hat{=} & 136{,}50\ € & :17{,}5 \\ \cdot 100 & 1\ \% & \hat{=} & 7{,}80\ € & \cdot 100 \\ & 100\ \% & \hat{=} & \underline{\underline{780\ €}} & \end{array}$$

Frau Mayer zahlt $780\ € - 136{,}50\ € = 643{,}50\ €$.

107. Papier:

$60\,000 \text{ Blatt} : 500\,\frac{\text{Blatt}}{\text{Paket}} = 120 \text{ Pakete}$

Kosten ohne Nachlass: $120 \cdot 3{,}20\ € = 384\ €$

Nachlass:

$$\begin{array}{r|rcl|l} :100 & 100\ \% & \hat{=} & 384\ € & :100 \\ \cdot 18 & 1\ \% & \hat{=} & 3{,}84\ € & \cdot 18 \\ & 18\ \% & \hat{=} & \underline{\underline{69{,}12\ €}} & \end{array}$$

Kosten mit Nachlass: $384\ € - 69{,}12\ € = 314{,}88\ €$

Kopierfolien:

Kosten ohne Nachlass: $45 \cdot 22{,}25\ € = 1\,001{,}25\ €$

Nachlass:

$$\begin{array}{l|rcl|l} :100 & 100\,\% & \mathrel{\hat{=}} & 1001{,}25\,€ & :100 \\ \cdot 12{,}5 & 1\,\% & \mathrel{\hat{=}} & 10{,}0125\,€ & \cdot 12{,}5 \\ & 12{,}5\,\% & \mathrel{\hat{=}} & \approx \underline{\underline{125{,}16\,€}} & \end{array}$$

Kosten mit Nachlass: 1 001,25 € – 125,16 € = 876,09 €

Kosten gesamt: 314,88 € + 876,09 € = 1 190,97 €

108.

$$\begin{array}{l|rcl|l} :100 & 100\,\% & \mathrel{\hat{=}} & 8\,500\,€ & :100 \\ \cdot 132 & 1\,\% & \mathrel{\hat{=}} & 85\,€ & \cdot 132 \\ & 132\,\% & \mathrel{\hat{=}} & \underline{\underline{11\,220\,€}} & \end{array}$$

Der Verkaufspreis beträgt 11 220 €, der Gewinn 11 220 € – 8 500 € = 2 720 €.

109.

$$\begin{array}{l|rcl|l} :100 & 100\,\% & \mathrel{\hat{=}} & 8\,490\,€ & :100 \\ \cdot 119 & 1\,\% & \mathrel{\hat{=}} & 84{,}90\,€ & \cdot 119 \\ & 119\,\% & \mathrel{\hat{=}} & \underline{\underline{10103{,}10\,€}} & \end{array}$$

110.

$$\begin{array}{l|rcl|l} :100 & 100\,\% & \mathrel{\hat{=}} & 1250\,€ & :100 \\ \cdot 91{,}5 & 1\,\% & \mathrel{\hat{=}} & 12{,}50\,€ & \cdot 91{,}5 \\ & 91{,}5\,\% & \mathrel{\hat{=}} & \underline{\underline{1143{,}75\,€}} & \end{array}$$

111. a)

$$\begin{array}{l|rcl|l} :119 & 119\,\% & \mathrel{\hat{=}} & 957{,}95\,€ & :119 \\ & 1\,\% & \mathrel{\hat{=}} & 8{,}05\,€ & \\ \cdot 100 & 100\,\% & \mathrel{\hat{=}} & \underline{\underline{805\,€}} & \cdot 100 \end{array}$$

b) 957,95 € – 805 € = 152,95 €

112.

$$\begin{array}{l|rcl|l} :75 & 75\,\% & \mathrel{\hat{=}} & 659\,€ & :75 \\ \cdot 100 & 1\,\% & \mathrel{\hat{=}} & \frac{659}{75}\,€ & \cdot 100 \\ & 100\,\% & \mathrel{\hat{=}} & \approx \underline{\underline{878{,}67\,€}} & \end{array}$$

Der alte Preis beträgt 878,67 €, der Verlust 878,67 € – 659 € = 219,67 €.

113.

$$\begin{aligned} &: 85 \quad & 85\,\% &\mathrel{\hat{=}} 331{,}50\,€ \quad &: 85 \\ &\cdot 100 \quad & 1\,\% &\mathrel{\hat{=}} 3{,}90\,€ \quad &\cdot 100 \\ & & 100\,\% &\mathrel{\hat{=}} \underline{\underline{390\,€}} & \end{aligned}$$

114.

$$\begin{aligned} &: 135 \quad & 135\,\% &\mathrel{\hat{=}} 2\,463{,}75\,€ \quad &: 135 \\ &\cdot 100 \quad & 1\,\% &\mathrel{\hat{=}} 18{,}25\,€ \quad &\cdot 100 \\ & & 100\,\% &\mathrel{\hat{=}} \underline{\underline{1\,825\,€}} & \end{aligned}$$

Der Einkaufspreis ist 1 825 €, der Gewinn 2 463,75 € – 1 825 € = 638,75 €.

115. Die Schuhe werden beim ersten Mal um 25 % reduziert, das sind 30 €, also kosten sie jetzt nur noch 120 € – 30 € = 90 €. Nun werden die Schuhe noch einmal um 25 % reduziert, also:

$$\begin{aligned} &: 100 \quad & 100\,\% &\mathrel{\hat{=}} 90\,€ \quad &: 100 \\ &\cdot 75 \quad & 1\,\% &\mathrel{\hat{=}} 0{,}90\,€ \quad &\cdot 75 \\ & & 75\,\% &\mathrel{\hat{=}} \underline{\underline{67{,}50\,€}} & \end{aligned}$$

116. a) Erhöhung um 20 %:

$$\begin{aligned} &: 100 \quad & 100\,\% &\mathrel{\hat{=}} 289{,}95\,€ \quad &: 100 \\ &\cdot 120 \quad & 1\,\% &\mathrel{\hat{=}} 2{,}8995\,€ \quad &\cdot 120 \\ & & 120\,\% &\mathrel{\hat{=}} \underline{\underline{347{,}94\,€}} & \end{aligned}$$

Nun wird der Preis um 40 % gesenkt:

$$\begin{aligned} &: 100 \quad & 100\,\% &\mathrel{\hat{=}} 347{,}94\,€ \quad &: 100 \\ &\cdot 60 \quad & 1\,\% &\mathrel{\hat{=}} 3{,}4794\,€ \quad &\cdot 60 \\ & & 60\,\% &\mathrel{\hat{=}} \approx \underline{\underline{208{,}76\,€}} & \end{aligned}$$

b) 289,95 € – 208,76 € = $\underline{\underline{81{,}19\,€}}$

117. a)

$$\begin{aligned} &: 6\,000 \quad & 6\,000\,€ &\mathrel{\hat{=}} 100\,\% \quad &: 6\,000 \\ &\cdot 6\,720 \quad & 1\,€ &\mathrel{\hat{=}} \frac{100}{6\,000}\,\% \quad &\cdot 6\,720 \\ & & 6\,720\,€ &\mathrel{\hat{=}} \underline{\underline{112\,\%}} & \end{aligned}$$

Der Gewinn des Händlers beträgt 12 %.

b) $3\,300\text{ €} + 795{,}24\text{ €} = 4\,095{,}24\text{ €}$

$$\begin{array}{l} :100 \\ \cdot 105 \end{array} \begin{array}{rcl} 100\,\% & \triangleq & 4\,095{,}24\text{ €} \\ 1\,\% & \triangleq & 40{,}9524\text{ €} \\ 105\% & \triangleq & \approx \underline{\underline{4\,300{,}00\text{ €}}} \end{array} \begin{array}{l} :100 \\ \cdot 105 \end{array}$$

c) Gesamtkosten für den Lieferwagen und den Personenkraftwagen:
$6\,000\text{ €} + 4\,095{,}24\text{ €} = 10\,095{,}24\text{ €}$

Gesamtgewinn:
$6\,720\text{ €} + 4\,300\text{ €} - 10\,095{,}24\text{ €} = 924{,}76\text{ €}$

$$\begin{array}{l} :10\,095{,}24 \\ \cdot 924{,}76 \end{array} \begin{array}{rcl} 10\,095{,}24\text{ €} & \triangleq & 100\,\% \\ 1\text{ €} & \triangleq & \dfrac{100}{10\,095{,}24}\,\% \\ 924{,}76\text{ €} & \triangleq & \approx \underline{\underline{9{,}2\,\%}} \end{array} \begin{array}{l} :10\,095{,}24 \\ \cdot 924{,}76 \end{array}$$

118. a)

$$\begin{array}{l} :100 \\ \cdot 13 \end{array} \begin{array}{rcl} 100\,\% & \triangleq & 400\text{ Befragte} \\ 1\,\% & \triangleq & 4\text{ Befragte} \\ 13\,\% & \triangleq & \underline{\underline{52\text{ Befragte}}} \end{array} \begin{array}{l} :100 \\ \cdot 13 \end{array}$$

b)

$$\begin{array}{l} :100 \\ \cdot 55 \end{array} \begin{array}{rcl} 100\,\% & \triangleq & 400\text{ Befragte} \\ 1\,\% & \triangleq & 4\text{ Befragte} \\ 55\,\% & \triangleq & \underline{\underline{220\text{ Befragte}}} \end{array} \begin{array}{l} :100 \\ \cdot 55 \end{array}$$

Paul hat nicht recht.

119. a) Pkw: 315; Lkw: ca. 77; Busse: ca. 31; Moped/Motorräder: ca. 63; Sonstige: ca. 14

b) $315 + 77 + 31 + 63 + 14 = 500$

$$\begin{array}{l} :500 \\ \cdot 315 \end{array} \begin{array}{rcl} 500\text{ Fahrzeuge} & \triangleq & 100\,\% \\ 1\text{ Fahrzeug} & \triangleq & 0{,}2\,\% \\ 315\text{ Fahrzeuge} & \triangleq & 63\,\% \end{array} \begin{array}{l} :500 \\ \cdot 315 \end{array}$$

315 Fahrzeuge	$\triangleq$ 63 %	$\triangleq$ 226,8°	(Pkw)
77 Fahrzeuge	$\triangleq$ 15,4 %	$\triangleq$ 54,4°	(Lkw)
31 Fahrzeuge	$\triangleq$ 6,2 %	$\triangleq$ 22,3°	(Busse)
63 Fahrzeuge	$\triangleq$ 12,6 %	$\triangleq$ 45,4°	(Moped/Motorr.)
14 Fahrzeuge	$\triangleq$ 2,8 %	$\triangleq$ 10,1°	(Sonstige)

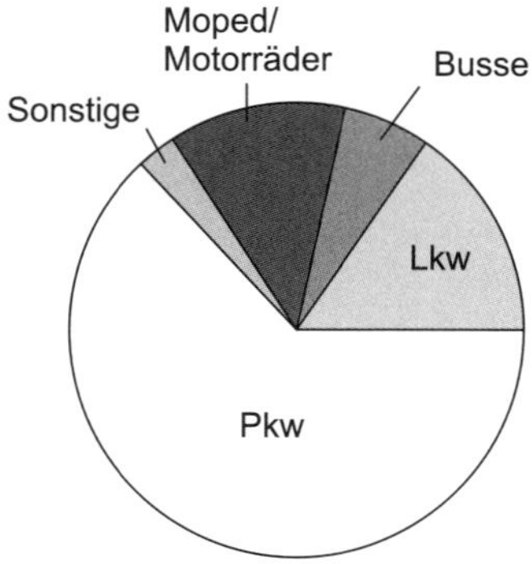

120.

	a)	b)	c)
Kapital	45 785 €	37 855 €	15 526,67 €
Zinssatz	2,5 %	2,25 %	3,75 %
Jahreszinsen	1 144,63 €	851,74 €	582,25 €

	d)	e)	f)
Kapital	25 897 €	450 000 €	35 885,17 €
Zinssatz	8,25 %	10,58 %	6,27 %
Jahreszinsen	2 136,50 €	47 610 €	2 250 €

121.

$$\begin{array}{l|rcl|l} :100 & 100\,\% & \mathrel{\hat=} & 12\,000\text{ €} & :100 \\ \cdot 4{,}49 & 1\,\% & \mathrel{\hat=} & 120\text{ €} & \cdot 4{,}49 \\ & 4{,}49\,\% & \mathrel{\hat=} & \underline{\underline{538{,}80\text{ €}}} & \end{array}$$

Herr Berger muss 12 000 € + 538,80 € = 12 538,80 € zurückzahlen.

122. a)

$$\begin{array}{l|rcl|l} :100 & 100\,\% & \mathrel{\hat=} & 25\,000\text{ €} & :100 \\ \cdot 5{,}9 & 1\,\% & \mathrel{\hat=} & 250\text{ €} & \cdot 5{,}9 \\ & 5{,}9\,\% & \mathrel{\hat=} & \underline{\underline{1\,475\text{ €}}} & \end{array}$$

b)

$$\begin{array}{l|rcl|l} :25\,000 & 25\,000\text{ €} & \mathrel{\hat=} & 100\,\% & :25\,000 \\ \cdot 1\,725 & 1\text{ €} & \mathrel{\hat=} & 0{,}004\,\% & \cdot 1\,725 \\ & 1\,725\text{ €} & \mathrel{\hat=} & \underline{\underline{6{,}9\,\%}} & \end{array}$$

123. Zinsen Sparbank: 55 000 € – 50 000 € = 5 000 €

Es handelt sich um einen Zinssatz von 10 %.

Das zweite Angebot ist also besser.

124. a)

$$\begin{array}{lrcll} & 100\,\% & \hat{=} & 800\,\text{€} & \\ :100 & 1\,\% & \hat{=} & 8{,}00\,\text{€} & :100 \\ \cdot 3 & 3\,\% & \hat{=} & \underline{\underline{24\,\text{€}}} & \cdot 3 \end{array}$$

Sie bekommt am Ende des Jahres 24 € Zinsen.

b) Ihr Guthaben beträgt dann 800 € + 24 € = 824 €.

125.

$$\begin{array}{lrcll} & 3{,}42\,\% & \hat{=} & 170\,\text{€} & \\ :3{,}42 & 1\,\% & \hat{=} & \dfrac{170}{3{,}42}\,\text{€} & :3{,}42 \\ \cdot 100 & 100\,\% & \hat{=} & \approx \underline{\underline{4\,970{,}76\,\text{€}}} & \cdot 100 \end{array}$$

126.

$$\begin{array}{lrcll} & 4\,\% & \hat{=} & 32\,\text{€} & \\ :4 & 1\,\% & \hat{=} & 8{,}00\,\text{€} & :4 \\ \cdot 100 & 100\,\% & \hat{=} & \underline{\underline{800\,\text{€}}} & \cdot 100 \end{array}$$

Du kannst auch einfacher rechnen: 4 % ist der 25. Teil von 100 %, also muss das Kapital 25-mal größer sein:

4 % $\hat{=}$ 26 €
26 € · 25 = 650 €

4 % $\hat{=}$ 60 €
60 € · 25 = 1 500 €

4 % $\hat{=}$ 112 €
112 € · 25 = 2 800 €

127.

$$\begin{array}{lrcll} & 650\,\text{€} & \hat{=} & 100\,\% & \\ :650 & 1\,\text{€} & \hat{=} & \dfrac{100}{650}\,\% & :650 \\ \cdot 22{,}75 & 22{,}75\,\text{€} & \hat{=} & \underline{\underline{3{,}5\,\%}} & \cdot 22{,}75 \end{array}$$

128. a)

$$\begin{array}{rrcll} :100 & 100\,\% & \triangleq & 820\,€ & :100 \\ & 1\,\% & \triangleq & 8{,}20\,€ & \\ \cdot 5 & 5\,\% & \triangleq & \underline{\underline{41\,€}} & \cdot 5 \end{array}$$

41 € Zinsen im Jahr sind $\frac{41}{12}$ € Zinsen im Monat. In 9 Monaten sind das $\frac{41}{12}\,€ \cdot 9 = 30{,}75\,€$ Zinsen.

b)

$$\begin{array}{rrcll} :100 & 100\,\% & \triangleq & 2\,400\,€ & :100 \\ & 1\,\% & \triangleq & 24\,€ & \\ \cdot 6{,}25 & 6{,}25\,\% & \triangleq & \underline{\underline{150\,€}} & \cdot 6{,}25 \end{array}$$

Für ein halbes Jahr erhält man die Hälfte der Zinsen, also 75 €.

c)

$$\begin{array}{rrcll} :100 & 100\,\% & \triangleq & 644\,€ & :100 \\ & 1\,\% & \triangleq & 6{,}44\,€ & \\ \cdot 3{,}5 & 3{,}5\,\% & \triangleq & \underline{\underline{22{,}54\,€}} & \cdot 3{,}5 \end{array}$$

22,54 € Zinsen im Jahr sind $\frac{22{,}54}{12}$ € Zinsen im Monat.

In 7 Monaten sind das $\frac{22{,}54}{12}\,€ \cdot 7 \approx 13{,}15\,€$ Zinsen.

129. Angebot 1:
150 € Zinsen alle 2 Monate, das sind $6 \cdot 150\,€ = 900\,€$ Zinsen im Jahr.

Angebot 2:
217,50 € Zinsen alle 3 Monate, das sind $4 \cdot 217{,}50\,€ = 870\,€$ Zinsen im Jahr.

Angebot 2 ist also günstiger, da pro Jahr weniger Zinsen zu bezahlen sind.

130. Zinsen in einem Jahr:
$21{,}14\,€ \cdot 6 = 126{,}84\,€$

Zinssatz:

$$\begin{array}{rrcll} :1\,200 & 1200\,€ & \triangleq & 100\,\% & :1\,200 \\ & 1\,€ & \triangleq & \frac{100}{1200}\,\% & \\ \cdot 126{,}84 & 126{,}84\,€ & \triangleq & \underline{\underline{10{,}57\,\%}} & \cdot 126{,}84 \end{array}$$

131. a) a = 5,1 cm; b = 3,5 cm; c = 6 cm

Es handelt sich um ein unregelmäßiges, spitzwinkliges Dreieck.

(Unregelmäßiges Dreieck bedeutet: a ≠ b ≠ c
Spitzwinkliges Dreieck bedeutet, dass alle Innenwinkel spitze Winkel (kleiner als 90°) sind.)

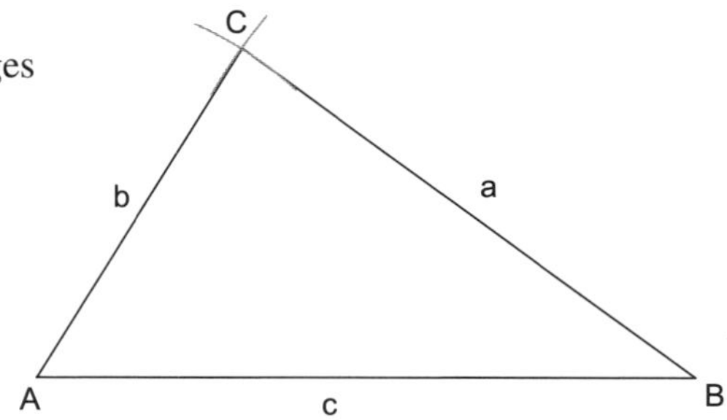

b) c = 4,1 cm; a = 5,4 cm; β = 120°

Es handelt sich um ein unregelmäßiges, stumpfwinkliges Dreieck.

(Stumpfwinkliges Dreieck bedeutet, dass ein Innenwinkel ein stumpfer Winkel (größer als 90° und kleiner als 180°) ist.)

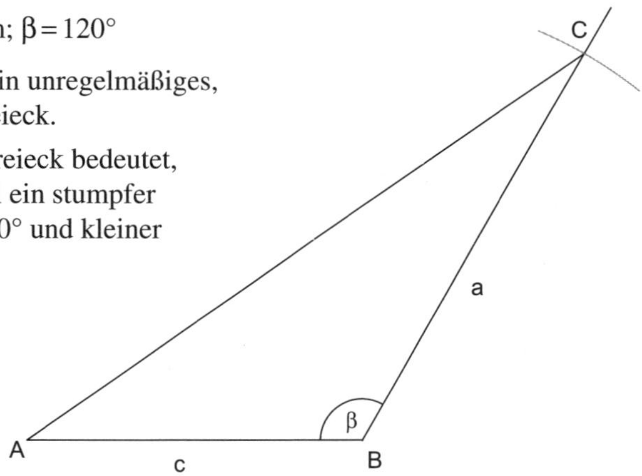

c) b = 6 cm; α = 45°; γ = 45°

Es handelt sich um ein gleichschenkliges, rechtwinkliges Dreieck.

(Gleichschenkliges Dreieck bedeutet 2 gleich lange Seiten (hier a = c).
Rechtwinkliges Dreieck bedeutet, dass ein Innenwinkel ein rechter Winkel ist (hier β = 90°).)

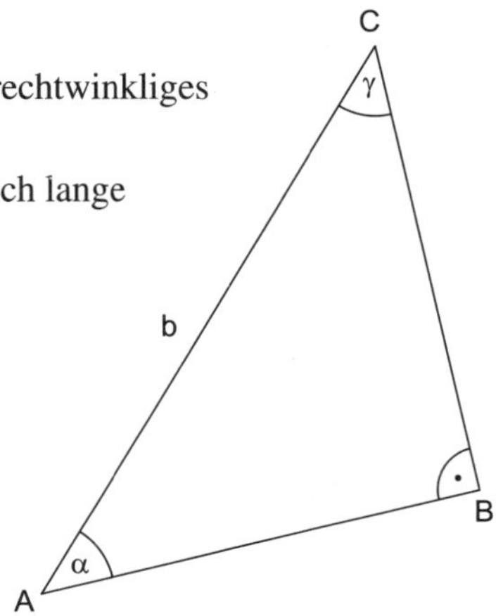

d) a = 3,3 cm; b = 2,5 cm; c = 4,3 cm

Es handelt sich um ein unregelmäßiges, stumpfwinkliges Dreieck.

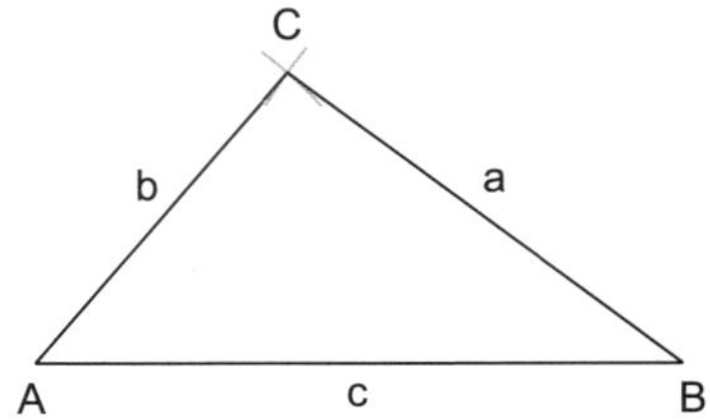

e) a = 3,4 cm; b = 4,5 cm; γ = 62°

Es handelt sich um ein unregelmäßiges, spitzwinkliges Dreieck.

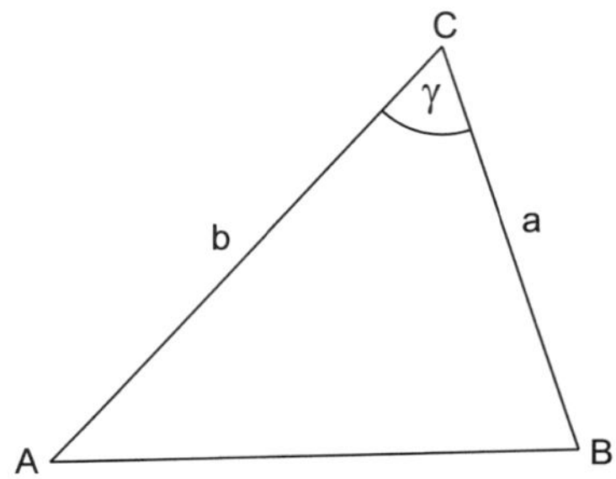

f) a = 5 cm; β = 43°; γ = 95°

Es handelt sich um ein unregelmäßiges, stumpfwinkliges Dreieck.

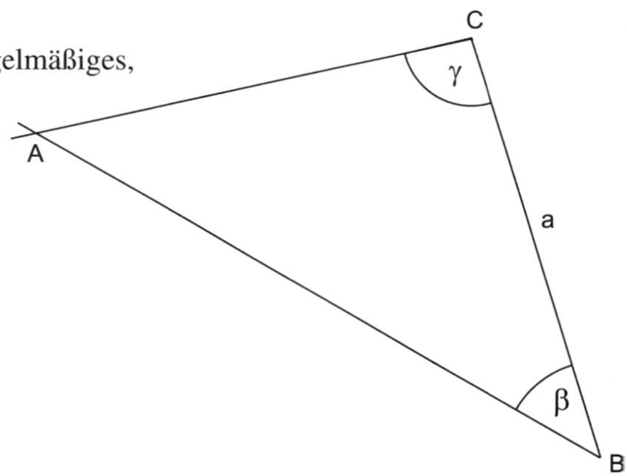

132. $A = \frac{g \cdot h_g}{2}$

$A = \frac{8\text{ cm} \cdot 5{,}6\text{ cm}}{2}$

$A = 22{,}4\text{ cm}^2$

$u = 7{,}8\text{ cm} + 6{,}2\text{ cm} + 8\text{ cm}$
$u = 22\text{ cm}$

133. $A = \frac{c \cdot h_c}{2}$

$28{,}86\text{ cm}^2 = \frac{c \cdot 7{,}8\text{ cm}}{2} \qquad |\cdot 2$

$57{,}72\text{ cm}^2 = c \cdot 7{,}8\text{ cm} \qquad |:7{,}8\text{ cm}$

$c = 7{,}4\text{ cm}$

134. $A = \frac{c \cdot h_c}{2}$

$A = \frac{5\text{ cm} \cdot 5{,}5\text{ cm}}{2}$

$A = 13{,}75\text{ cm}^2$

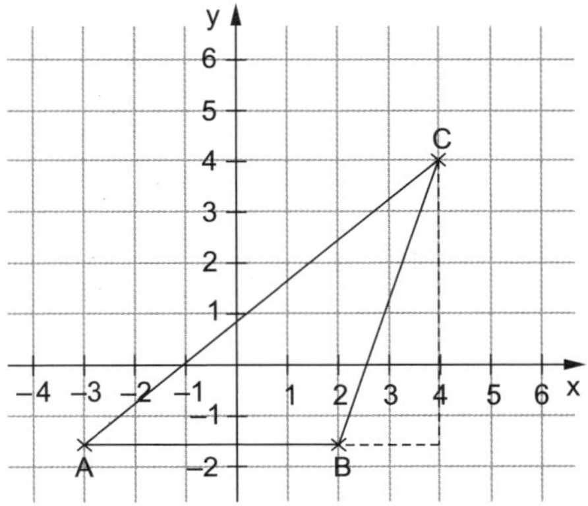

135. a) $A = \frac{g \cdot h_g}{2}$

$A = \frac{350\text{ m} \cdot 250\text{ cm}}{2}$

$A = 43\,750\text{ m}^2 = 4{,}3750\text{ ha} \approx 4{,}4\text{ ha}$

b) $43\,750\text{ m}^2 : 14\,\frac{\text{m}^2}{\text{Baum}} = 3\,125$ Bäume

136. a) $c^2 = (3\text{ cm})^2 + (4\text{ cm})^2$

$c^2 = 25\text{ cm}^2 \qquad |\sqrt{}$

$c = 5\text{ cm}$

b) $a^2 = (20\text{ dm})^2 - (16\text{ dm})^2$

$a^2 = 144\text{ dm}^2 \qquad |\sqrt{}$

$a = 12\text{ dm}$

c) $b^2 = (10\text{ cm})^2 - (6\text{ cm})^2$

$b^2 = 64\text{ cm}^2 \qquad |\sqrt{}$

$b = 8\text{ cm}$

d) $b^2 = (12{,}5\text{ dm})^2 - (7{,}5\text{ dm})^2$

$b^2 = 100\text{ dm}^2 \qquad |\sqrt{}$

$b = 10\text{ dm}$

137.

	a)	b)	c)	d)
Kathete a	9 cm	10 cm	2,1 dm	12 m
Kathete b	12 cm	24 cm	2 dm	35 m
Hypotenuse c	15 cm	26 cm	2,9 dm	37 m
Flächeninhalt A	$54\ cm^2$	$120\ cm^2$	$2{,}1\ dm^2$	$210\ m^2$

	e)	f)	g)
Kathete a	1,1 cm	8 dm	2,4 dm
Kathete b	6 cm	15 dm	32 cm
Hypotenuse c	6,1 cm	17 dm	4 dm
Flächeninhalt A	$3{,}3\ cm^2$	$60\ dm^2$	$3{,}84\ dm^2$

Ausführliche Lösung:

a) $c^2 = a^2 + b^2$
$c^2 = (9\ cm)^2 + (12\ cm)^2$
$c^2 = 225\ cm^2 \quad |\sqrt{\ }$
$c = 15\ cm$

$A = \frac{a \cdot b}{2}$
$A = \frac{9\ cm \cdot 12\ cm}{2}$
$A = 54\ cm^2$

b) $b^2 = c^2 - a^2$
$b^2 = (26\ cm)^2 - (10\ cm)^2$
$b^2 = 576\ cm^2 \quad |\sqrt{\ }$
$b = 24\ cm$

$A = \frac{10\ cm \cdot 24\ cm}{2}$
$A = 120\ cm^2$

c) $2{,}1\ dm^2 = \frac{a \cdot 2\ dm}{2} \quad |\cdot 2$
$4{,}2\ dm^2 = a \cdot 2\ dm \quad |:2\ dm$
$a = 2{,}1\ dm$

$c^2 = (2{,}1\ dm)^2 + (2\ dm)^2$
$c^2 = 8{,}41\ dm^2 \quad |\sqrt{\ }$
$c = 2{,}9\ dm$

d) $a^2 = c^2 - b^2$
$a^2 = (37\ m)^2 - (35\ m)^2$
$a^2 = 144\ m^2 \quad |\sqrt{\ }$
$a = 12\ m$

$A = \frac{12\ m \cdot 35\ m}{2}$
$A = 210\ m^2$

e) $3{,}3\ \text{cm}^2 = \frac{1{,}1\ \text{cm} \cdot b}{2}$ $\quad | \cdot 2$

$6{,}6\ \text{cm}^2 = 1{,}1\ \text{cm} \cdot b$ $\quad | : 1{,}1\ \text{cm}$

$b = 6\ \text{cm}$

$c^2 = (1{,}1\ \text{cm})^2 + (6\ \text{cm})^2$

$c^2 = 37{,}21\ \text{cm}^2$ $\quad | \sqrt{\ }$

$c = 6{,}1\ \text{cm}$

f) $a^2 = (17\ \text{dm})^2 - (15\ \text{dm})^2$

$a^2 = 64\ \text{dm}^2$ $\quad | \sqrt{\ }$

$a = 8\ \text{dm}$

$A = \frac{8\ \text{dm} \cdot 15\ \text{dm}}{2}$

$A = 60\ \text{dm}^2$

g) $3{,}84\ \text{dm}^2 = \frac{a \cdot 3{,}2\ \text{dm}}{2}$ $\quad | \cdot 2$

$7{,}68\ \text{dm}^2 = a \cdot 3{,}2\ \text{dm}$ $\quad | : 3{,}2\ \text{dm}$

$a = 2{,}4\ \text{dm}$

$c^2 = (2{,}4\ \text{dm})^2 + (3{,}2\ \text{dm})^2$

$c^2 = 16\ \text{dm}^2$ $\quad | \sqrt{\ }$

$c = 4\ \text{dm}$

138. a) $h^2 = (4{,}9\ \text{cm})^2 - (1{,}2\ \text{cm})^2$

$h^2 = 22{,}57\ \text{cm}^2$ $\quad | \sqrt{\ }$

$h \approx 4{,}8\ \text{cm}$

b) $h^2 = (6\ \text{cm})^2 - \left(\frac{4{,}8\ \text{cm}}{2}\right)^2$

$h^2 = 30{,}24\ \text{cm}^2$ $\quad | \sqrt{\ }$

$h \approx 5{,}5\ \text{cm}$

c) $(8\ \text{cm})^2 = a^2 + a^2$

$64\ \text{cm}^2 = 2a^2$ $\quad | : 2$

$32\ \text{cm}^2 = a^2$ $\quad | \sqrt{\ }$

$a \approx 5{,}7\ \text{cm}$

d) $h^2 = (4{,}8\ \text{cm})^2 - \left(\frac{6{,}4\ \text{cm} - 3{,}5\ \text{cm}}{2}\right)^2$

$h^2 = 20{,}9375\ \text{cm}^2$ $\quad | \sqrt{\ }$

$h \approx 4{,}6\ \text{cm}$

e) $a_1^2 = (3,6\ \text{cm})^2 - (2,2\ \text{cm})^2$

$a_1^2 = 8,12\ \text{cm}^2 \quad |\sqrt{\ }$

$a_1 \approx 2,8\ \text{cm}$

$a = 2 \cdot 2,8\ \text{cm} + 4,6\ \text{cm}$

$a = 10,2\ \text{cm}$

139.

	a)	b)	c)	d)
Seite a	12 cm	11 cm	25 dm	8 cm
Umfang u	48 cm	44 cm	100 dm	32 cm
Flächeninhalt A	144 cm²	121 cm²	625 dm²	64 cm²

	e)	f)	g)
Seite a	7,2 m	19,25 cm	7,35 dm
Umfang u	28,8 m	77 cm	29,4 dm
Flächeninhalt A	51,84 m²	370,56 cm²	54 dm²

140.

$u = 4 \cdot a$

$208\ \text{m} = 4 \cdot a \quad |:4$

$a = 52\ \text{m}$

$A = a^2$

$A = (52\ \text{m})^2$

$A = 2\,704\ \text{m}^2$

$72\ \text{cm} = 4 \cdot a \quad |:4$

$a = 18\ \text{cm}$

$A = (18\ \text{cm})^2$

$A = 324\ \text{cm}^2$

$396\ \text{m} = 4 \cdot a \quad |:4$

$a = 99\ \text{m}$

$A = (99\ \text{m})^2$

$A = 9\,801\ \text{m}^2$

$90\ \text{cm} = 4 \cdot a \quad |:4$

$a = 22,5\ \text{m}$

$A = (22,5\ \text{cm})^2$

$A = 506,25\ \text{cm}^2$

141. $A = a^2$

$a^2 = 361\ \text{cm}^2 \quad |\sqrt{\ }$

$a = 19\ \text{cm}$

$u = 4 \cdot a$

$u = 4 \cdot 19\ \text{cm}$

$u = 76\ \text{cm}$

$a^2 = 289\ \text{cm}^2 \quad |\sqrt{\ }$

$a = 17\ \text{cm}$

$u = 4 \cdot 17\ \text{cm}$

$u = 68\ \text{cm}$

$a^2 = 529\ cm^2 \quad |\sqrt{\ }$
$a = 23\ cm$

$u = 4 \cdot 23\ cm$
$u = 92\ cm$

$a^2 = 4\,356\ cm^2 \quad |\sqrt{\ }$
$a = 66\ cm$

$u = 4 \cdot 66\ cm$
$u = 264\ cm$

142. $A = a^2$
$665\ m^2 = a^2 \quad |\sqrt{\ }$
$a \approx 25{,}8\ m$

$u = 4 \cdot 25{,}8\ m - 4{,}5\ m$
$u = 98{,}7\ m$

Es werden 98,7 m Gartenzaun benötigt.

143.

	a)	b)	c)	d)
Seite a	4,5 dm	4 cm	6,69 m	3,8 m
Seite b	3,0 dm	16 cm	5,09 m	2,0 m
Umfang u	15 dm	40 cm	23,56 m	11,6 m
Flächeninhalt A	13,5 dm^2	64 cm^2	34,05 m^2	7,6 m^2

	e)	f)	g)
Seite a	23 m	13 dm	12,31 cm
Seite b	1,56 m	7 dm	6,5 cm
Umfang u	49,12 m	40 dm	37,62 cm
Flächeninhalt A	35,9 m^2	91 dm^2	80 cm^2

144. $u = 2 \cdot (a + b)$
$u = 2 \cdot (25{,}35\ m + 22{,}25\ m)$
$u = 95{,}2\ m$
$95{,}2\ m - 1{,}20\ m = 94\ m$
Es werden 94 m Maschendrahtzaun benötigt.

145.

	a)	b)	c)
Seite a	3,7 m	45 cm	12,6 cm
Höhe h_a	0,8 m	150 mm = 15 cm	50 cm
Flächeninhalt A	2,96 m^2	675 cm^2	630 cm^2

	d)	e)	f)
Seite a	24 m	4,5 cm	7 m
Höhe h_a	29 m	54,76 cm	66 dm = 6,6 m
Flächeninhalt A	696 m^2	246,4 cm^2	46,2 m^2

146. $A = g \cdot h$

a) $A = 12\text{ dm} \cdot 13{,}5\text{ dm}$
$A = 162\text{ dm}^2$

b) $A = 45\text{ cm} \cdot 102\text{ cm}$
$A = 4\,590\text{ cm}^2$

c) $A = 7{,}25\text{ m} \cdot 22{,}7\text{ m}$
$A = 164{,}575\text{ m}^2$

d) $A = 19\text{ cm} \cdot 20\text{ cm}$
$A = 380\text{ cm}^2$

147.

	a)	b)	c)
Seite a	45,6 m	5,4 cm	88,4 cm
Seite c	168,4 m	9,9 cm	45,6 cm
Höhe h	93,2 m	7,25 cm	1,36 dm
Flächeninhalt A	9 972,4 m^2	55,46 cm^2	9,10 dm^2

	d)	e)	f)
Seite a	28 m	10 dm	12,5 dm
Seite c	15 m	50 dm	5,5 dm
Höhe h	12,8 m	11 dm	4,7 dm
Flächeninhalt A	275,2 m^2	330 dm^2	42,3 dm^2

Ausführliche Lösung:

a) $A = \frac{a + c}{2} \cdot h$

$$A = \frac{45{,}6\text{ m} + 168{,}4\text{ m}}{2} \cdot 93{,}2\text{ m}$$

$$A = 9\,972{,}4\text{ m}^2$$

b) $55{,}46\ \text{cm}^2 = \dfrac{5{,}4\ \text{cm} + 9{,}9\ \text{cm}}{2} \cdot h$

$55{,}46\ \text{cm}^2 = 7{,}65\ \text{cm} \cdot h \qquad |:7{,}65\ \text{cm}$

$h \approx 7{,}25\ \text{cm}$

c) $9{,}10\ \text{dm}^2 = \dfrac{88{,}4\ \text{cm} + 45{,}6\ \text{cm}}{2} \cdot h$

$9{,}10\ \text{dm}^2 = 67\ \text{cm} \cdot h \qquad |:6{,}7\ \text{dm}$

$h \approx 1{,}36\ \text{dm}$

d) $275{,}2\ \text{m}^2 = \dfrac{28\ \text{m} + c}{2} \cdot 12{,}8\ \text{m} \qquad |:12{,}8\ \text{m}$

$21{,}5\ \text{m} = \dfrac{28\ \text{m} + c}{2} \qquad |\cdot 2$

$43\ \text{m} = 28\ \text{m} + c \qquad |-28\ \text{m}$

$c = 15\ \text{m}$

e) $330\ \text{dm}^2 = \dfrac{10\ \text{dm} + c}{2} \cdot 11\ \text{dm} \qquad |:11\ \text{dm}$

$30\ \text{dm} = \dfrac{10\ \text{dm} + c}{2} \qquad |\cdot 2$

$60\ \text{dm} = 10\ \text{dm} + c \qquad |-10\ \text{dm}$

$c = 50\ \text{dm}$

f) $42{,}3\ \text{dm}^2 = \dfrac{a + 5{,}5\ \text{dm}}{2} \cdot 4{,}7\ \text{dm} \qquad |:4{,}7\ \text{dm}$

$9\ \text{dm} = \dfrac{a + 5{,}5\ \text{dm}}{2} \qquad |\cdot 2$

$18\ \text{dm} = a + 5{,}5\ \text{dm} \qquad |-5{,}5\ \text{dm}$

$a = 12{,}5\ \text{dm}$

148. a) a = 35 m, b = d = 27,3 m, c = 18,5 m

u = 35 m + 2 · 27,3 m + 18,5 m
u = 108,1 m

Höhe berechnen (Satz des Pythagoras):
(35 m − 18,5 m) : 2 = 8,25 m

$h^2 = (27,3\ m)^2 - (8,25\ m)^2$

$h^2 = 677,2275\ m^2 \quad |\sqrt{\ }$

$h \approx 26,0\ m$

$A = \frac{35\ m + 18,5\ m}{2} \cdot 26\ m$

$A = 695,5\ m^2$

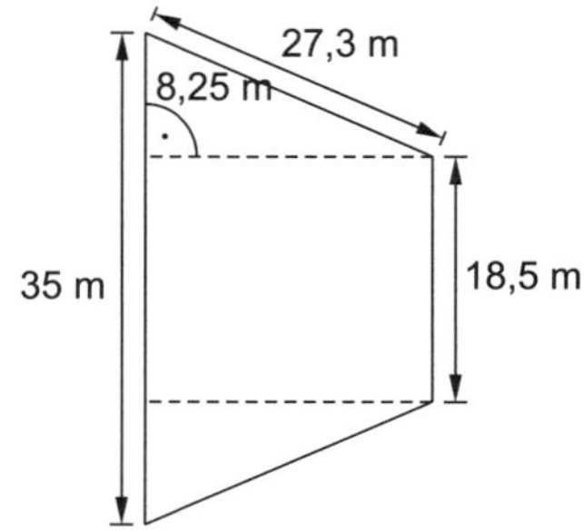

b) c = 85 mm, h = 226 mm,
a = 2 · 16 mm + 85 mm = 117 mm

$A = \frac{85\ mm + 117\ mm}{2} \cdot 226\ mm$

$A = 22\,826\ mm^2$

Seite b berechnen (Satz des Pythagoras):

$b^2 = (16\ mm)^2 + (226\ mm)^2$

$b^2 = 51\,332\ mm^2 \quad |\sqrt{\ }$

$b \approx 226,6\ mm$

$u = 85\ mm + 2 \cdot 226,6\ mm + 117\ mm$

$u = 655,2\ mm$

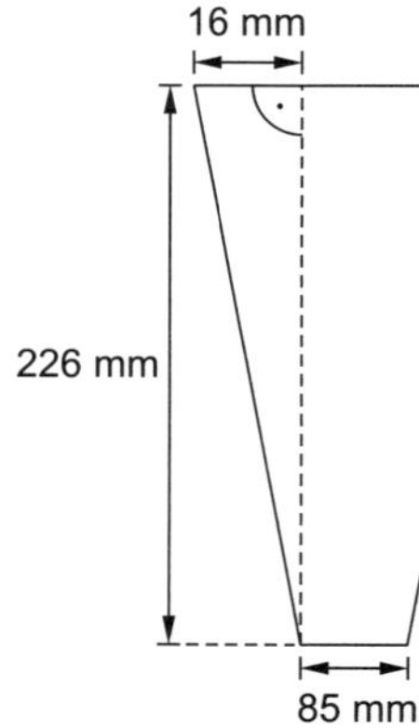

149.

	a)	b)	c)	d)
Radius r	3,9 m	2 cm	3,24 dm	0,9 m
Durchmesser d	7,8 m	4 cm	6,47 dm	1,80 m
Umfang u	24,50 m	12,57 cm	20,33 dm	5,65 m
Flächeninhalt A	47,78 m^2	12,57 cm^2	32,98 dm^2	2,54 m^2

	e)	f)	g)
Radius r	1,21 dm	7,88 m	5,20 dm
Durchmesser d	2,42 dm	15,76 m	10,4 dm
Umfang u	7,6 dm	49,51 m	32,67 dm
Flächeninhalt A	4,60 dm^2	195 m^2	84,87 dm^2

150. a) Teilflächen:

Dreieck

$$A = \frac{g \cdot h_g}{2}$$

$$A = \frac{6\text{ cm} \cdot 5\text{ cm}}{2}$$

$$A = 15\text{ cm}^2$$

Parallelogramm

$$A = a \cdot h_a$$

$$A = 10\text{ cm} \cdot 5\text{ cm}$$

$$A = 50\text{ cm}^2$$

Trapez

$$A = \frac{a + c}{2} \cdot h$$

$$A = \frac{10\text{ cm} + 5\text{ cm}}{2} \cdot 4\text{ cm}$$

$$A = 30\text{ cm}^2$$

$$A_{gesamt} = 50\text{ cm}^2 + 15\text{ cm}^2 + 30\text{ cm}^2$$

$$A_{gesamt} = 95\text{ cm}^2$$

b) Die zusammengesetzte Fläche besteht aus 2 Halbkreisen gleicher Größe (≙ einem ganzen Kreis) und einem Quadrat.

Kreis

$$A = \pi \cdot r^2$$

$$A = \pi \cdot (2{,}4\text{ cm})^2$$

$$A \approx 18{,}1\text{ cm}^2$$

Quadrat

$$A = a \cdot a$$

$$A = 4{,}8\text{ cm} \cdot 4{,}8\text{ cm}$$

$$A = 23{,}04\text{ cm}^2$$

$$A_{gesamt} = 18{,}1\text{ cm}^2 + 23{,}04\text{ cm}^2$$

$$A_{gesamt} = 41{,}14\text{ cm}^2$$

151. Trapez

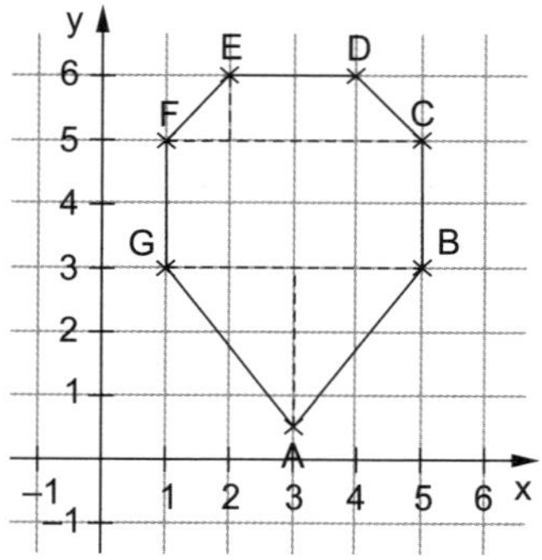

$A = \frac{a+c}{2} \cdot h$

$A = \frac{4\text{ cm} + 2\text{ cm}}{2} \cdot 1\text{ cm}$

$A = 3\text{ cm}^2$

Rechteck

$A = a \cdot b$

$A = 4\text{ cm} \cdot 2\text{ cm}$

$A = 8\text{ cm}^2$

Dreieck

$A = \frac{g \cdot h}{2}$

$A = \frac{4\text{ cm} \cdot 2{,}5\text{ cm}}{2}$

$A = 5\text{ cm}^2$

$A_{gesamt} = 3\text{ cm}^2 + 8\text{ cm}^2 + 5\text{ cm}^2$

$A_{gesamt} = 16\text{ cm}^2$

152. Rechteck

$A = a \cdot b$

$A = 6\text{ cm} \cdot 2{,}5\text{ cm}$

$A = 15\text{ cm}^2$

$u = 2 \cdot (a+b)$

$u = 2 \cdot (6\text{ cm} + 2{,}5\text{ cm})$

$u = 2 \cdot 8{,}5\text{ cm}$

$u = 17\text{ cm}$

Halbkreis

$A = \frac{\pi \cdot r^2}{2}$

$A = \frac{\pi \cdot (1\text{ cm})^2}{2}$

$A \approx 1{,}57\text{ cm}^2$

$u = \frac{\pi \cdot d}{2}$

$u = \frac{\pi \cdot 2\text{ cm}}{2}$

$u \approx 3{,}14\text{ cm}$

$A_{gesamt} = 15\text{ cm}^2 - 1{,}57\text{ cm}^2$

$A_{gesamt} = 13{,}43\text{ cm}^2$

$u_{gesamt} = 17\text{ cm} - 2\text{ cm} + 3{,}14\text{ cm}$

$u_{gesamt} = 18{,}14\text{ cm}$

153. $O = 6 \cdot a^2$

$384\ cm^2 = 6 \cdot a^2 \quad |:6$

$a^2 = 64\ cm^2 \quad |\sqrt{\ }$

$a = 8\ cm$

$V = a^3$

$V = (8\ cm)^3$

$V = 512\ cm^3$

154. a) $O = 6 \cdot a^2$

$O = 6 \cdot (28\ cm)^2$

$O = 4\,704\ cm^2$

b) $4\,500 \cdot 4\,704\ cm^2 = 21\,168\,000\ cm^2 = 211\,680\ dm^2 \approx 2\,117\ m^2$

155.

	a)	b)	c)	d)
Seite a	12,5 dm	4 580 cm	16 cm	3 dm
Seite b	1 735 cm	45,9 dm	9,47 cm	80 cm
Seite c	0,67 m	2,23 m	19 cm	8,5 dm
Volumen V	14,53 m^3	468,80 m^3	2 880 cm^3	204 dm^3

	e)	f)	g)
Seite a	7,5 m	1,8 cm	2,88 m
Seite b	2,5 m	18 mm	2,7 m
Seite c	84 dm	1,16 cm	45 dm
Volumen V	157,5 m^3	3,75 cm^3	35,04 m^3

Ausführliche Lösung:

a) $V = a \cdot b \cdot c$

$V = 1,25\ m \cdot 17,35\ m \cdot 0,67\ m$

$V \approx 14,53\ m^3$

b) $V = a \cdot b \cdot c$

$V = 45,80\ m \cdot 4,59\ m \cdot 2,23\ m$

$V \approx 468,80\ m^3$

c) $2\,880\ \text{cm}^3 = 16\ \text{cm} \cdot b \cdot 19\ \text{cm}$

$2\,880\ \text{cm}^3 = 304\ \text{cm}^2 \cdot b \quad |: 304\ \text{cm}^2$

$b \approx 9{,}47\ \text{cm}$

d) $204\ \text{dm}^3 = 3\ \text{dm} \cdot 8\ \text{dm} \cdot c$

$204\ \text{dm}^3 = 24\ \text{dm}^2 \cdot c \quad |: 24\ \text{dm}^2$

$c = 8{,}5\ \text{dm}$

e) $157{,}5\ \text{m}^3 = a \cdot 2{,}5\ \text{m} \cdot 8{,}4\ \text{m}$

$157{,}5\ \text{m}^3 = a \cdot 21\ \text{m}^2 \quad |: 21\ \text{m}^2$

$a = 7{,}5\ \text{m}$

f) $3{,}75\ \text{cm}^3 = 1{,}8\ \text{cm} \cdot 1{,}8\ \text{cm} \cdot c$

$3{,}75\ \text{cm}^3 = 3{,}24\ \text{cm}^2 \cdot c \quad |: 3{,}24\ \text{cm}^2$

$c \approx 1{,}16\ \text{cm}$

g) $35{,}04\ \text{m}^3 = a \cdot 2{,}7\ \text{m} \cdot 4{,}5\ \text{m}$

$35{,}04\ \text{m}^3 = a \cdot 12{,}15\ \text{m}^2 \quad |: 12{,}15\ \text{m}^2$

$a \approx 2{,}88\ \text{m}$

156. a) Quadratseite:

$G = a^2 \quad \Rightarrow \quad a = \sqrt{6{,}25\ \text{cm}^2} = 2{,}5\ \text{cm}$

$O = 2 \cdot 6{,}25\ \text{cm}^2 + 4 \cdot 2{,}5\ \text{cm} \cdot 5\ \text{cm}$

$O = 62{,}5\ \text{cm}^2$

$V = 6{,}25\ \text{cm}^2 \cdot 5\ \text{cm}$

$V = 31{,}25\ \text{cm}^3$

b) $O = 6 \cdot a^2$

$62{,}5\ \text{cm}^2 = 6 \cdot a^2 \quad |: 6$

$a^2 \approx 10{,}4\ \text{cm}^2 \quad |\sqrt{\ }$

$a \approx 3{,}2\ \text{cm}$

157. a) $66\,690\ \ell = 66\,690\ \text{dm}^3 = 66{,}69\ \text{m}^3$

$$V = a \cdot b \cdot c$$
$$66{,}69\ \text{m}^3 = 6{,}5\ \text{m} \cdot 3{,}8\ \text{m} \cdot c$$
$$66{,}69\ \text{m}^3 = 24{,}7\ \text{m}^2 \cdot c \qquad |: 24{,}7\ \text{m}^2$$
$$c = 2{,}7\ \text{m}$$

b) $O = 2 \cdot a \cdot b + 2 \cdot a \cdot c + 2 \cdot b \cdot c$

$$O = 2 \cdot 6{,}5\ \text{m} \cdot 3{,}8\ \text{m} + 2 \cdot 3{,}8\ \text{m} \cdot 2{,}7\ \text{m} + 2 \cdot 6{,}5\ \text{m} \cdot 2{,}7\ \text{m}$$
$$O = 49{,}4\ \text{m}^2 + 20{,}52\ \text{m}^2 + 35{,}1\ \text{m}^2$$
$$O = 105{,}02\ \text{m}^2$$

158. a) $V = 7\ \text{m} \cdot 4{,}5\ \text{m} \cdot 2{,}4\ \text{m}$

$$V = 75{,}6\ \text{m}^3$$

zu 3 Viertel gefüllt:

$$\frac{3}{4} \cdot 75{,}6\ \text{m}^3 = 56{,}7\ \text{m}^3 = 56\,700\ \ell$$

b) $56{,}7\ \text{m}^3 = 7\ \text{m} \cdot 4{,}5\ \text{m} \cdot c$

$$56{,}7\ \text{m}^3 = 31{,}5\ \text{m}^2 \cdot c \qquad |: 31{,}5\ \text{m}^2$$
$$c = 1{,}8\ \text{m}$$

Die Chemikalie steht 1,8 m hoch im Tank.

c) $56{,}7\ \text{m}^3 - 18{,}9\ \text{m}^3 = 37{,}8\ \text{m}^3$

$$37{,}8\ \text{m}^3 = 7\ \text{m} \cdot 4{,}5\ \text{m} \cdot c$$
$$37{,}8\ \text{m}^3 = 31{,}5\ \text{m}^2 \cdot c \qquad |: 31{,}5\ \text{m}^2$$
$$c = 1{,}2\ \text{m}$$

Die Chemikalie steht jetzt 1,2 m hoch.

159. a) $V = G \cdot h_k$

$$V = \frac{c \cdot h_c}{2} \cdot h_k$$
$$V = \frac{2{,}8\ \text{cm} \cdot 3\ \text{cm}}{2} \cdot 9\ \text{cm}$$
$$V = 37{,}8\ \text{cm}^3$$

$$O = 2 \cdot G + M$$

$$O = 2 \cdot \frac{c \cdot h_c}{2} + u \cdot h_k$$

$$O = 2 \cdot \frac{2{,}8\ \text{cm} \cdot 3\ \text{cm}}{2} + (2{,}3\ \text{cm} + 3{,}3\ \text{cm} + 2{,}8\ \text{cm}) \cdot 9\ \text{cm}$$

$$O = 8{,}4\ \text{cm}^2 + 75{,}6\ \text{cm}^2$$

$$O = 84\ \text{cm}^2$$

b) $V = G \cdot h_k$

$$V = a \cdot h_a \cdot h_k$$

$$V = 10\ \text{cm} \cdot 4\ \text{cm} \cdot 5{,}4\ \text{cm}$$

$$V = 216\ \text{cm}^3$$

$$O = 2 \cdot G + M$$

$$O = 2 \cdot a \cdot h_a + u \cdot h_k$$

$$O = 2 \cdot 10\ \text{cm} \cdot 4\ \text{cm} + (2 \cdot 10\ \text{cm} + 2 \cdot 4{,}8\ \text{cm}) \cdot 5{,}4\ \text{cm}$$

$$O = 80\ \text{cm}^2 + 159{,}84\ \text{cm}^2$$

$$O = 239{,}84\ \text{cm}^2$$

160. $V = G \cdot h_k$

$$V = \frac{a + c}{2} \cdot h \cdot h_k$$

$$568{,}75\ \text{cm}^3 = \frac{9\ \text{cm} + 4\ \text{cm}}{2} \cdot 7\ \text{cm} \cdot h_k$$

$$568{,}75\ \text{cm}^3 = 45{,}5\ \text{cm}^2 \cdot h_k \qquad |: 45{,}5\ \text{cm}^2$$

$$h_k = 12{,}5\ \text{cm}^2$$

161. $V = \frac{1}{3} \cdot a^2 \cdot h_k$

a) $V = \frac{1}{3} \cdot (7\ \text{cm})^2 \cdot 12\ \text{cm}$

$V = 196\ \text{cm}^3$

b) $V = \frac{1}{3} \cdot (10\ \text{cm})^2 \cdot 14{,}5\ \text{cm}$

$V \approx 483{,}33\ \text{cm}^3$

c) $V = \frac{1}{3} \cdot (13{,}4\ \text{cm})^2 \cdot 16{,}5\ \text{cm}$

$V = 987{,}58\ \text{cm}^3$

d) $V = \frac{1}{3} \cdot (8{,}9\ \text{cm})^2 \cdot 9{,}7\ \text{cm}$

$V \approx 256{,}11\ \text{cm}^3$

162. a) $V = \frac{1}{3} \cdot a^2 \cdot h_k$

$510\ cm^3 = \frac{1}{3} \cdot (10,5\ cm)^2 \cdot h_k$

$510\ cm^3 = 36,75\ cm^2 \cdot h_k \quad |: 36,75\ cm^2$

$h_k \approx 13,88\ cm$

b) $3\,000\ cm^3 = \frac{1}{3} \cdot (14,5\ cm)^2 \cdot h_k \quad |\cdot 3$

$9\,000\ cm^3 = 210,25\ cm^2 \cdot h_k \quad |: 210,25\ cm^2$

$h_k \approx 42,81\ cm$

163. $V = \frac{1}{3} \cdot a^2 \cdot h_k$

$V = \frac{1}{3} \cdot (9\ cm)^2 \cdot 13,5\ cm$

$V = 364,5\ cm^3$

164. $V = \frac{1}{3} \cdot a^2 \cdot h_k$

$2\,000\ cm^3 = \frac{1}{3} \cdot (20\ cm)^2 \cdot h_k \quad |\cdot 3$

$6\,000\ cm^3 = 400\ cm^2 \cdot h_k \quad |: 400\ cm^2$

$h_k = 15\ cm$

165. $V = \pi \cdot r^2 \cdot h_k$

$16\,964,6\ cm^3 = \pi \cdot r^2 \cdot 24\ cm \quad |: 24\ cm\ :\pi$

$r^2 \approx 225\ cm^2 \quad |\sqrt{\ }$

$r = 15\ cm$

166. $G = \pi \cdot r^2$

$616\ m^2 = \pi \cdot r^2 \quad |: \pi$

$r^2 \approx 196\ m^2 \quad |\sqrt{\ }$

$r = 14\ m$

$$V = G \cdot h_k$$
$$17\,241\ m^3 = 616\ m^2 \cdot h_k \qquad |:616\ m^2$$
$$h_k \approx 28\ m$$

$$M = 2 \cdot \pi \cdot r \cdot h_k$$
$$M = 2 \cdot \pi \cdot 14\ m \cdot 28\ m$$
$$M \approx 2\,463\ m^2$$

167.

	a)	b)	c)
Radius r	4,7 cm	7,6 m	2,80 cm
Grundfläche G	69,40 cm^2	181,45 m^2	24,6 cm^2
Höhe h_k	12,3 cm	7,60 m	42,8 cm
Volumen V	853,59 cm^3	1 379,10 m^3	1 052,88 cm^3
Mantelfläche M	363,23 cm^2	362,92 m^2	752,98 cm^2
Oberfläche O	502,03 cm^2	725,82 m^2	802,18 cm^2

	d)	e)
Radius r	2,29 m	8,5 dm
Grundfläche G	16,47 m^2	226,98 dm^2
Höhe h_k	102,5 m	16,77 dm
Volumen V	1 689,41 m^3	3 806,45 dm^3
Mantelfläche M	1474,82 m^2	895,41 dm^2
Oberfläche O	1 507,76 m^2	1 349,37 dm^2

Ausführliche Lösung:

a) $V = \pi \cdot r^2 \cdot h_k$
$$V = \pi \cdot (4,7\ cm)^2 \cdot 12,3\ cm$$
$$V \approx 853,59\ cm^3$$

$$M = 2 \cdot \pi \cdot r \cdot h_k$$
$$M = 2 \cdot \pi \cdot 4,7\ cm \cdot 12,3\ cm$$
$$M \approx 363,23\ cm^2$$

$$G = \pi \cdot r^2$$
$$G = \pi \cdot (4,7\ cm)^2$$
$$G \approx 69,40\ cm^2$$

$$O = 2 \cdot G + M$$
$$O = 2 \cdot 69{,}40\ \text{cm}^2 + 363{,}23\ \text{cm}^2$$
$$O = 502{,}03\ \text{cm}^2$$

b) $1\,379{,}10\ \text{m}^3 = \pi \cdot (7{,}6\ \text{m})^2 \cdot h_k \quad |: \pi\ : (7{,}6\ \text{m})^2$
$$h_k \approx 7{,}60\ \text{m}$$

$$G = \pi \cdot (7{,}6\ \text{m})^2$$
$$G \approx 181{,}45\ \text{m}^2$$

$$M = 2 \cdot \pi \cdot 7{,}6\ \text{m} \cdot 7{,}6\ \text{m}$$
$$M \approx 362{,}92\ \text{m}^2$$

$$O = 2 \cdot 181{,}45\ \text{m}^2 + 362{,}92\ \text{m}^2$$
$$O = 725{,}82\ \text{m}^2$$

c) $24{,}6\ \text{cm}^2 = r^2 \cdot \pi \quad |: \pi$
$$7{,}83\ \text{cm}^2 \approx r^2 \quad |\sqrt{}$$
$$r \approx 2{,}80\ \text{cm}$$

$$V = G \cdot h_k$$
$$V = 24{,}6\ \text{cm}^2 \cdot 42{,}8\ \text{cm}$$
$$V = 1\,052{,}88\ \text{cm}^3$$

$$M = 2 \cdot \pi \cdot 2{,}80\ \text{cm} \cdot 42{,}8\ \text{cm}$$
$$M \approx 752{,}98\ \text{cm}^2$$

$$O = 2 \cdot 24{,}6\ \text{cm}^2 + 752{,}98\ \text{cm}^2$$
$$O = 802{,}18\ \text{cm}^2$$

d) $1\,689{,}41\ \text{m}^3 = \pi \cdot r^2 \cdot 102{,}5\ \text{m} \quad |: \pi\ : 102{,}5\ \text{m}$
$$5{,}25\ \text{m}^2 \approx r^2 \quad |\sqrt{}$$
$$r \approx 2{,}29\ \text{m}$$

$$G = \pi \cdot (2{,}29\ \text{m})^2$$
$$G \approx 16{,}47\ \text{m}^2$$
$$M = 2 \cdot \pi \cdot 2{,}29\ \text{m} \cdot 102{,}5\ \text{m}$$
$$M \approx 1\,474{,}82\ \text{m}^2$$
$$O = 2 \cdot 16{,}47\ \text{m}^2 + 1\,474{,}82\ \text{m}^2$$
$$O = 1\,507{,}76\ \text{m}^2$$

e) $895{,}41\ \text{dm}^2 = 2 \cdot \pi \cdot 8{,}5\ \text{dm} \cdot h_k \quad |:2\ :\pi\ :8{,}5\ \text{dm}$

$h_k \approx 16{,}77\ \text{dm}$

$G = \pi \cdot (8{,}5\ \text{dm})^2$

$G \approx 226{,}98\ \text{dm}^2$

$V = 226{,}98\ \text{dm}^2 \cdot 16{,}77\ \text{dm}$

$V \approx 3\,806{,}45\ \text{dm}^3$

$O = 2 \cdot 226{,}98\ \text{dm}^2 + 895{,}41\ \text{dm}^2$

$O = 1\,349{,}37\ \text{dm}^2$

168. a) $V = \frac{1}{3} \cdot \pi \cdot r^2 \cdot h_k$

$V = \frac{1}{3} \cdot \pi \cdot (7\ \text{cm})^2 \cdot 15\ \text{cm}$

$V \approx 769{,}69\ \text{cm}^3$

b) $V = \frac{1}{3} \cdot \pi \cdot (8{,}5\ \text{cm})^2 \cdot 17{,}3\ \text{cm}$

$V \approx 1\,308{,}92\ \text{cm}^3$

c) $d = 14{,}4$ cm, also ist $r = 7{,}2$ cm

$V = \frac{1}{3} \cdot \pi \cdot (7{,}2\ \text{cm})^2 \cdot 9\ \text{cm}$

$V \approx 488{,}58\ \text{cm}^3$

d) $d = 7$ cm, also ist $r = 3{,}5$ cm

$V = \frac{1}{3} \cdot \pi \cdot (3{,}5\ \text{cm})^2 \cdot 12\ \text{cm}$

$V = 153{,}94\ \text{cm}^3$

169.

$V = \frac{1}{3} \cdot \pi \cdot r^2 \cdot h_k$

$1\,500\ \text{cm}^3 = \frac{1}{3} \cdot \pi \cdot r^2 \cdot 15\ \text{cm} \quad |\cdot 3$

$4\,500\ \text{cm}^3 = \pi \cdot r^2 \cdot 15\ \text{cm} \quad |:\pi\ :15\ \text{cm}$

$r^2 \approx 95{,}49\ \text{cm}^2 \quad |\sqrt{\ }$

$r \approx 9{,}77\ \text{cm}$

170. a) $V = \frac{4}{3} \cdot \pi \cdot r^3$

$V = \frac{4}{3} \cdot \pi \cdot (12{,}8\ cm)^3$

$V \approx 8\,784{,}53\ cm^3$

b) $V = \frac{4}{3} \cdot \pi \cdot r^3$

$V = \frac{4}{3} \cdot \pi \cdot (8{,}25\ mm)^3$

$V \approx 2\,352{,}07\ mm^3$

171. a) $O = 4 \cdot \pi \cdot r^2$

$O = 4 \cdot \pi \cdot (3{,}18\ m)^2$

$O \approx 127{,}08\ m^2$

b) $O = 4 \cdot \pi \cdot r^2$

$O = 4 \cdot \pi \cdot (2{,}3\ cm)^2$

$O \approx 66{,}48\ cm^2$

172. $V = \frac{4}{3} \cdot \pi \cdot r^3$

$V = \frac{4}{3} \cdot \pi \cdot (16\ m)^3$

$V \approx 17\,157\ m^3$

$O = 4 \cdot \pi \cdot r^2$

$O = 4 \cdot \pi \cdot (16\ m)^2$

$O \approx 3\,217\ m^2$

173. $V = \frac{4}{3} \cdot \pi \cdot r^3$

$V = \frac{4}{3} \cdot \pi \cdot (8\ m)^3$

$V \approx 2\,144{,}7\ m^3$

$m = 2\,144{,}7 \cdot 0{,}179\ kg$

$m \approx 384\ kg$

174. $O = 4 \cdot \pi \cdot r^2$

$45{,}4\ cm^2 = 4 \cdot \pi \cdot r^2 \quad |:4\ :\pi$

$r^2 \approx 3{,}61 \quad |\sqrt{\ }$

$r \approx 1{,}9\ cm \Rightarrow \quad d \approx 3{,}8\ cm$

175. Augenzahlen, die durch 2 teilbar sind: 2, 4, 6
Augenzahlen, die durch 3 teilbar sind: 3, 6
⇒ günstige Ergebnisse: 2, 3, 4, 6

Wahrscheinlichkeit $= \frac{4}{6} = \frac{2}{3} = 0{,}6666\ldots \approx 66{,}7\ \%$

176. Pia gewinnt bei 3, 6, 9, 12, 15, 18, 21 und 24.
Ben gewinnt bei 18, 19, 20, 21, 22, 23 und 24.
$\Rightarrow$ Bei 1, 2, 4, 5, 7, 8, 10, 11, 13, 14, 16, 17 gewinnt keiner der beiden.

$$\text{Wahrscheinlichkeit} = \frac{12}{24} = \frac{1}{2} = 0{,}5 = 50\ \%$$

177. weiße Kugeln: $\frac{2}{3}$ von 48 Kugeln = 32 Kugeln

schwarze Kugeln: 48 Kugeln – 32 Kugeln = 16 Kugeln

178. Lose insgesamt: $285 + 12 + 2 + 1 = 300$

a) $\text{Wahrscheinlichkeit} = \frac{285}{300} = \frac{19}{20} = 0{,}95 = 95\ \%$

b) $\text{Wahrscheinlichkeit} = \frac{1}{300} = 0{,}00333\ldots \approx 0{,}33\ \%$

c) $\text{Wahrscheinlichkeit} = \frac{12+2+1}{300} = \frac{15}{300} = \frac{1}{20} = 0{,}05 = 5\ \%$

179. Sandra gewinnt bei 1 und 2.
Wahrscheinlichkeit, dass Sandra 1 Punkt bekommt:

$$\frac{2}{6} = \frac{1}{3} = 0{,}3333\ldots \approx 33{,}3\ \%$$

Max gewinnt bei 4, 5 und 6.
Wahrscheinlichkeit, dass Max 1 Punkt bekommt:

$$\frac{3}{6} = \frac{1}{2} = 0{,}5 = 50\ \%$$

Die Wahrscheinlichkeit, dass Max 1 Punkt erhält, ist größer als Sandras Wahrscheinlichkeit dafür. Deshalb hat Max auch die größeren Chancen, als erster 10 Punkte zu erreichen und somit zu gewinnen.

180.

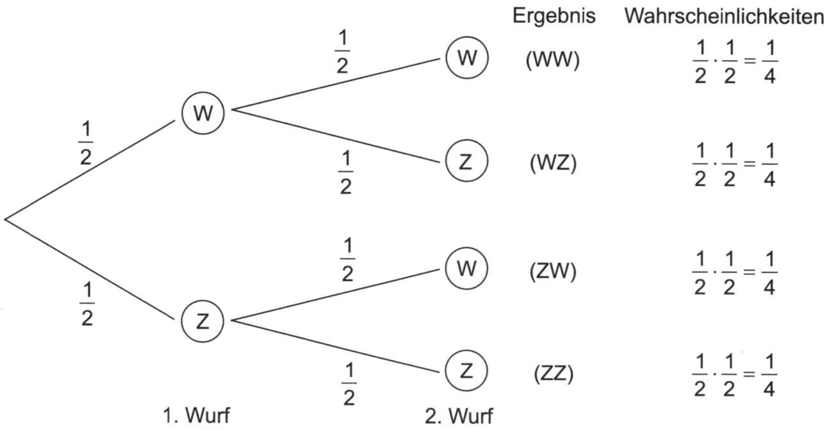

a) Wahrscheinlichkeit (2-mal Zahl) =
   Wahrscheinlichkeit (ZZ) $= \frac{1}{2} \cdot \frac{1}{2} = \frac{1}{4} = 0{,}25 = 25\ \%$

b) Wahrscheinlichkeit (nicht 2 gleiche Ausgänge) =
   Wahrscheinlichkeit (WZ, ZW) $= \frac{1}{4} + \frac{1}{4} = \frac{1}{2} = 0{,}5 = 50\ \%$

181.

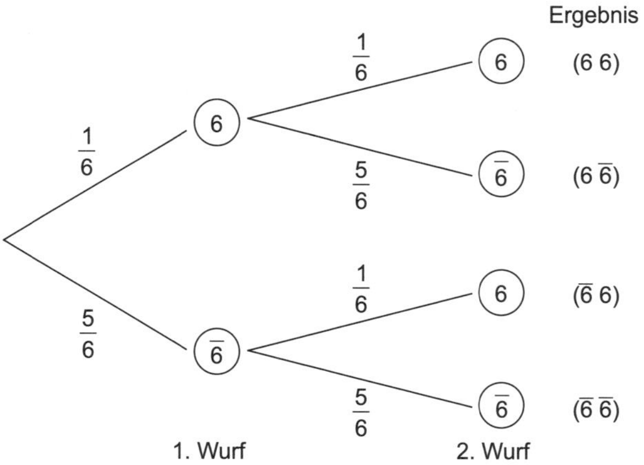

(6) Sechs würfeln (6̄) keine Sechs würfeln

a) Wahrscheinlichkeit$(6\,6) = \frac{1}{6} \cdot \frac{1}{6} = \frac{1}{36} \approx 0{,}028 = 2{,}8\ \%$

b) $\text{Wahrscheinlichkeit}(6\,\bar{6}) = \frac{1}{6} \cdot \frac{5}{6} = \frac{5}{36} \approx 0{,}139 = 13{,}9\ \%$

c) $\text{Wahrscheinlichkeit}(6\,\bar{6}, \bar{6}\,6) = \frac{1}{6} \cdot \frac{5}{6} + \frac{5}{6} \cdot \frac{1}{6} = \frac{5}{36} + \frac{5}{36} = \frac{10}{36} = \frac{5}{18}$

$\approx 0{,}28 = 28\ \%$

182. Kugeln insgesamt: $5 + 3 + 4 = 12$
Nach jedem Zug befindet sich eine Kugel weniger in der Urne.

a) $\text{Wahrscheinlichkeit}(\text{zuerst rot}) = \frac{4}{12} = \frac{1}{3} \approx 0{,}33 = 33\ \%$

b) $\text{Wahrscheinlichkeit}(\text{gelb, gelb, gelb}) = \frac{3}{12} \cdot \frac{2}{11} \cdot \frac{1}{10} = \frac{1}{220} \approx 0{,}0045 \approx 0{,}5\ \%$

c) (blau, gelb, rot), (blau, rot, gelb), (rot, blau, gelb), (rot, gelb, blau), (gelb, rot, blau), (gelb, blau, rot)

183. a) Es werden 3 Burger, 3 Getränke und 2 verschiedene Beilagen angeboten. Tom kann $3 \cdot 3 \cdot 2 = 18$ verschiedene Menüs erhalten.

b) $\text{Wahrscheinlichkeit}(\text{Pommes}) = \frac{1}{2} = 0{,}5 = 50\ \%$

c) $\text{Wahrscheinlichkeit}(\text{Cheesburger, Chief Salad}) = \frac{1}{3} \cdot \frac{1}{2} = \frac{1}{6} \approx 0{,}167 \approx 17\ \%$

d) $\text{Wahrscheinlichkeit}(\text{kein Wasser}) = \frac{2}{3} \approx 0{,}667 \approx 67\ \%$

Aufgaben im Stil der Abschlussprüfung
Lösungen

Aufgabengruppe I

Aufgabengruppe I – Aufgabe 1

$3\,750\text{ m} + 0{,}371\text{ km} - 123{,}8\text{ dm} = \mathbf{4\,108{,}62\text{ m}}$

Rechne mit gleichen Einheiten, z. B. in Meter:

$0{,}371\text{ km} = 371\text{ m}$
$123{,}8\text{ dm} = 12{,}38\text{ m}$

$$\begin{array}{r} 3\,750\text{ m} \\ +\ \ 371\text{ m} \\ \hline 4\,121\text{ m} \end{array} \qquad \begin{array}{r} 4\,121{,}00\text{ m} \\ -\ \ 12{,}38\text{ m} \\ \hline \underline{\underline{4\,108{,}62\text{ m}}} \end{array}$$

Aufgabengruppe I – Aufgabe 2

Rechne mit gleichen Einheiten:
$12\text{ t} = 12\,000\text{ kg}$

$$12\,000 : 1{,}6 = 120\,000 : 16 = \underline{\underline{7\,500}}$$
$$\begin{array}{l} \underline{-112} \\ 80 \\ \underline{80} \\ 000 \end{array}$$

Der Lkw darf höchstens 7 500 Ziegel laden.

Aufgabengruppe I – Aufgabe 3

Es handelt sich um eine Antiproportionalität. Löse mit dem Dreisatz.

	Anzahl der Pferde	Zeit in Tagen	
: 15	15	35	· 15
· 21	1	525	: 21
	21	$\underline{\underline{25}}$	

Der Futtervorrat reicht dann 25 Tage.

Aufgabengruppe I – Aufgabe 4

Prozentsatz: 16 %
Prozentwert: 24 ℓ
Grundwert ist gesucht.

$$
\begin{array}{lrcll}
:16 & 16\,\% & \hat{=} & 24\,\ell & :16 \\
 & 1\,\% & \hat{=} & 1{,}5\,\ell & \\
\cdot 100 & 100\,\% & \hat{=} & \underline{\underline{150\,\ell}} & \cdot 100
\end{array}
$$

Es sind insgesamt 150 ℓ.

Aufgabengruppe I – Aufgabe 5

$$
\begin{aligned}
7x + 43 &= 2x + 98 && \mid -2x \\
5x + 43 &= 98 && \mid -43 \\
5x &= 55 && \mid :5 \\
\underline{\underline{x}} &\underline{\underline{= 11}}
\end{aligned}
$$

Aufgabengruppe I – Aufgabe 6

Prozentsatz: 14 %
Grundwert: 800 kg
Prozentwert ist gesucht.

$$
\begin{array}{lrcll}
:100 & 100\,\% & \hat{=} & 800\text{ kg} & :100 \\
 & 1\,\% & \hat{=} & 8\text{ kg} & \\
\cdot 14 & 14\,\% & \hat{=} & \underline{\underline{112\text{ kg}}} & \cdot 14
\end{array}
$$

Aufgabengruppe I – Aufgabe 7

a) $\frac{5}{8} \cdot \frac{\cancel{5}^{\,1}}{\cancel{12}_{\,6}} \cdot \frac{\cancel{2}^{\,1}}{\cancel{5}_{\,1}} = \underline{\underline{\frac{5}{48}}}$

b) $3{,}45 \cdot 2{,}8 = \underline{\underline{9{,}66}}$

$$
\begin{array}{r}
\underline{345 \cdot 28} \\
690 \\
\underline{2760} \\
9660
\end{array}
$$

c) $8{,}5 : 2{,}5 = 85 : 25 = \underline{\underline{3{,}4}}$

$$\begin{array}{l} \underline{75} \\ 100 \\ \underline{100} \\ \quad 0 \end{array}$$

d) $27{,}15 : 1\,000 = \underline{\underline{0{,}02715}}$

e) $1{,}48 \cdot 100 = \underline{\underline{148}}$

Aufgabengruppe I – Aufgabe 8

$1{,}2\text{ km} : 3 = 0{,}4\text{ km}$
$1{,}2\text{ km} - 0{,}4\text{ km} = \underline{\underline{0{,}8\text{ km}}}$

Tim hat noch **0,8** km vor sich.

Aufgabengruppe I – Aufgabe 9

$-144 : (-89 + 65) - (103 - 121) \cdot 3 =$
$-144 : (-24) - (-18) \cdot 3 =$
$6 - (-54) = 6 + 54 = \underline{\underline{60}}$

Aufgabengruppe I – Aufgabe 10

$15\text{ min} + 720\text{ s} - \frac{1}{4}\text{ h} = \underline{\underline{12\text{ min}}}$

Rechne in Minuten ($1\text{ min} = 60\text{ s}$):
$720\text{ s} = 12\text{ min}$

$\frac{1}{4}\text{ h} = 15\text{ min}$

$15\text{ min} + 12\text{ min} - 15\text{ min} = \underline{\underline{12\text{ min}}}$

Aufgabengruppe I – Aufgabe 11

gegeben: Quadrat mit $A = 121\ cm^2$
gesucht: a
Lösung:

$$A = a^2$$
$$121\ cm^2 = a^2 \quad |\sqrt{\ }$$
$$\underline{\underline{a = 11\ cm}}$$

Aufgabengruppe I – Aufgabe 12

$$14z + 9 + 4z - 3 - 7z = 28 \quad |\text{zusammenfassen}$$
$$11z + 6 = 28 \quad |-6$$
$$11z = 22 \quad |:11$$
$$\underline{\underline{z = 2}}$$

Aufgabengruppe I – Aufgabe 13

$\alpha = \underline{\underline{135°}}$

Aufgabengruppe I – Aufgabe 14

$\frac{2}{8} = \frac{1}{4}$ der Fläche, also $\underline{\underline{25\ \%}}$ sind grau dargestellt.

Aufgabengruppe I – Aufgabe 15

Es handelt sich um eine Proportionalität. Löse mit dem Dreisatz.

	Anzahl der Rollen	Preis	
: 11	11	115,50 €	: 11
· 17	1	10,50 €	· 17
	17	$\underline{\underline{178,50\ €}}$	

17 Rollen Tapete kosten 178,50 €.

Aufgabengruppe I – Aufgabe 16

gegeben: gleichschenkliges Dreieck mit $\gamma = 62°$, $\alpha = \beta$

gesucht: α, β

Lösung: Die Innenwinkelsumme im Dreieck beträgt 180°.

$$\begin{aligned} \alpha + \beta + \gamma &= 180° && |\ \alpha = \beta \\ 2 \cdot \alpha + 62° &= 180° && |-62° \\ 2 \cdot \alpha &= 118° && |:2 \\ \underline{\underline{\alpha}} &\underline{\underline{= 59°}} \\ \Rightarrow \underline{\underline{\beta}} &\underline{\underline{= 59°}} \end{aligned}$$

Aufgabengruppe I – Aufgabe 17

$3^4 = 3 \cdot 3 \cdot 3 \cdot 3 = 81$

☐ 12 ☒ 81 ☐ 27 ☐ 7

Aufgabengruppe I – Aufgabe 18

☒ 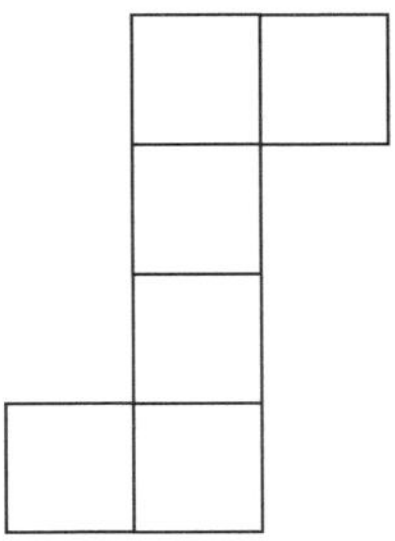

☐ 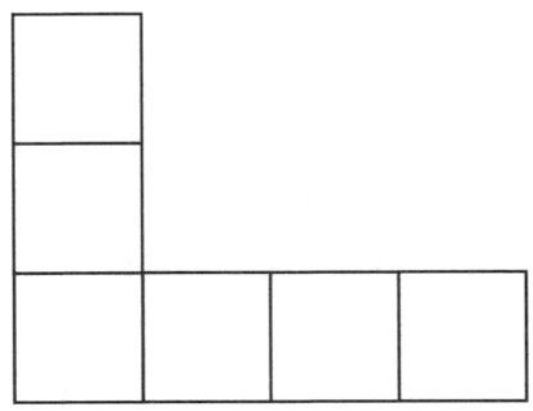

☐ 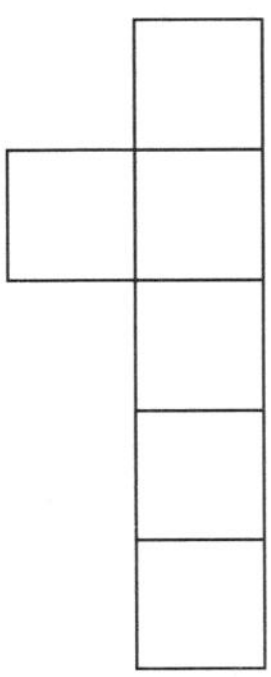

☒ 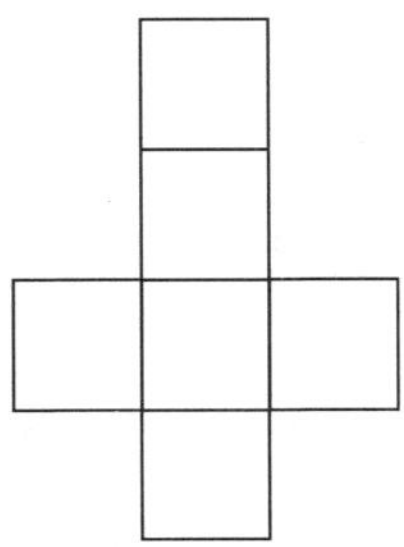

Aufgabengruppe I – Aufgabe 19

$$
\begin{aligned}
&10.51 \text{ Uhr bis } 11.00 \text{ Uhr} \Rightarrow & 9 \text{ min}\\
&11.00 \text{ Uhr bis } 13.00 \text{ Uhr} \Rightarrow 2\text{h} = & 120 \text{ min}\\
&13.00 \text{ Uhr bis } 13.37 \text{ Uhr} \Rightarrow & \underline{37 \text{ min}}
\end{aligned}
$$

Lisa war $\underline{\underline{166}}$ min beim Schwimmen.

Aufgabengruppe I – Aufgabe 20

$24\,053 : 60 \approx 24\,000 : 60 = \underline{\underline{400}}$

- [ ] 40
- [x] 400
- [ ] 4 000

Aufgabengruppe I – Aufgabe 21

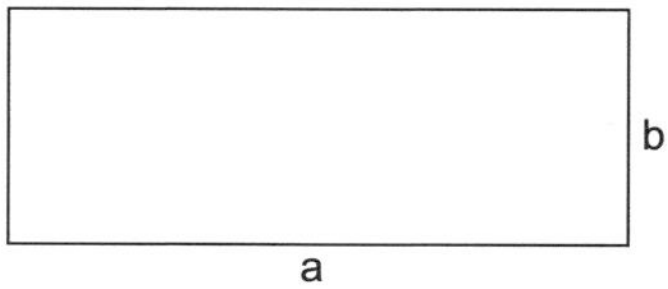

gegeben: Rechteck mit $A = 143\text{ cm}^2$, $b = 11\text{ cm}$

gesucht: a

Lösung:

$$
\begin{aligned}
A &= a \cdot b\\
143\text{ cm}^2 &= a \cdot 11\text{ cm} \qquad |:11\text{ cm}\\
\underline{\underline{a}} &\underline{\underline{= 13\text{ cm}}}
\end{aligned}
$$

Das Rechteck hat eine Länge von 13 cm.

Aufgabengruppe I – Aufgabe 22

Rechne mit gleichen Einheiten:

$0{,}018\text{ kg} = 18\text{ g}$

$0{,}45\text{ kg} = 450\text{ g}$

$0{,}0023\text{ kg} = 2{,}3\text{ g}$

$0{,}0023\text{ kg} < 17\text{ g} < 0{,}018\text{ kg} < 123\text{ g} < 148\text{ g} < 0{,}45\text{ kg}$

Aufgabengruppe I – Aufgabe 23

$10 \cdot (-5) \cdot (5 + 12 \cdot (-5) - 8 \cdot (-10)) =$

$-50 \cdot (5 - 60 + 80) =$

$-50 \cdot 25 = \underline{\underline{-1250}}$

Aufgabengruppe I – Aufgabe 24

gegeben: rechtwinkliges Dreieck mit $a = 3$ m, $b = 5$ m, $\beta = 90°$
gesucht: u

Lösung mit dem Satz des Pythagoras:

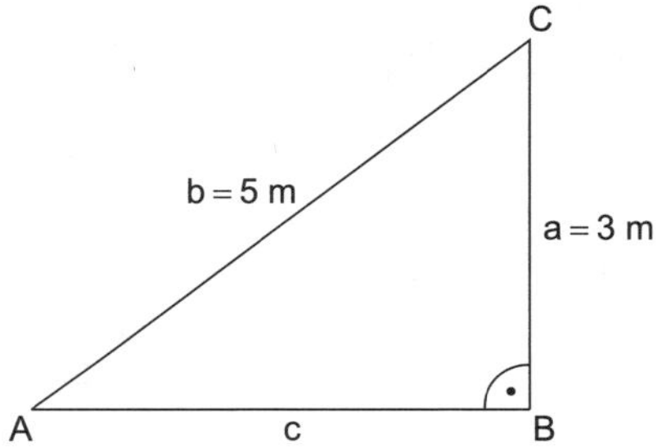

$$b^2 = a^2 + c^2 \quad | -a^2$$
$$c^2 = b^2 - a^2$$
$$c^2 = (5\text{ m})^2 - (3\text{ m})^2$$
$$c^2 = 16\text{ m}^2 \quad | \sqrt{}$$
$$\underline{\underline{c = 4\text{ m}}}$$

$$u = a + b + c$$
$$u = 3\text{ m} + 5\text{ m} + 4\text{ m}$$
$$\underline{\underline{u = 12\text{ m}}}$$

Aufgabengruppe I – Aufgabe 25

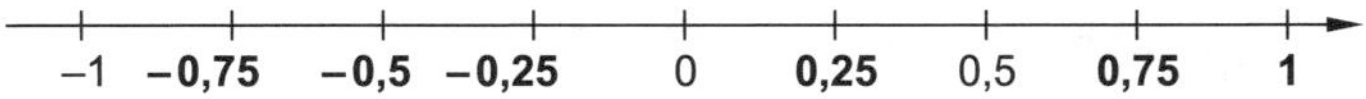

Aufgabengruppe I – Aufgabe 26

Die Tiefe wird im Winkel $\alpha = 45°$ und um die Hälfte verkürzt ($q = \frac{1}{2}$) gezeichnet.

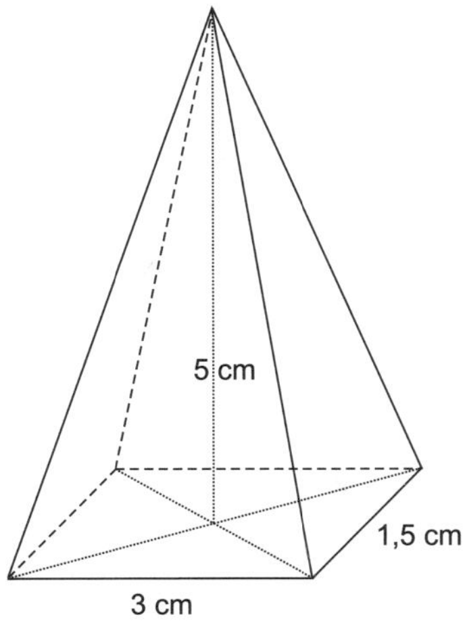

Aufgabengruppe I – Aufgabe 27

Prozentwert: 97,50 €
Grundwert: 390 €
Prozentsatz ist gesucht.

97,50 € ist ein Viertel von 390 €.

Also spart Tobias <u>25 %</u> von seinem Lehrlingsgeld.

Aufgabengruppe I – Aufgabe 28

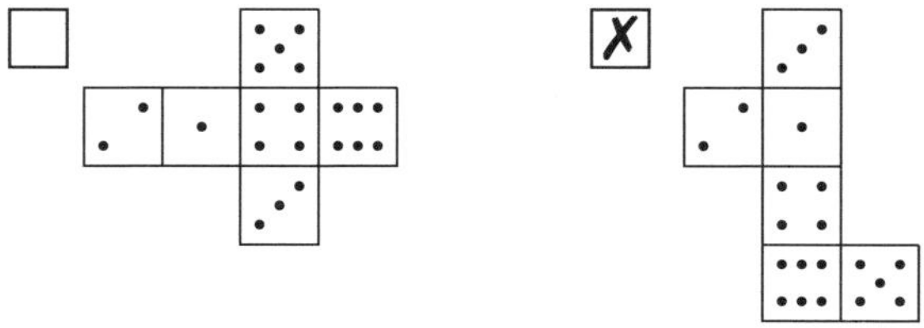

Aufgabengruppe I – Aufgabe 29

c = 7 cm
$\alpha = 38°$
$\beta = 55°$

Planfigur:

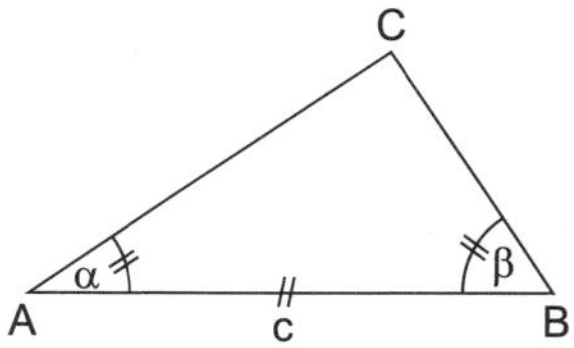

Die Konstruktion erfolgt nach dem Kongruenzsatz wsw.

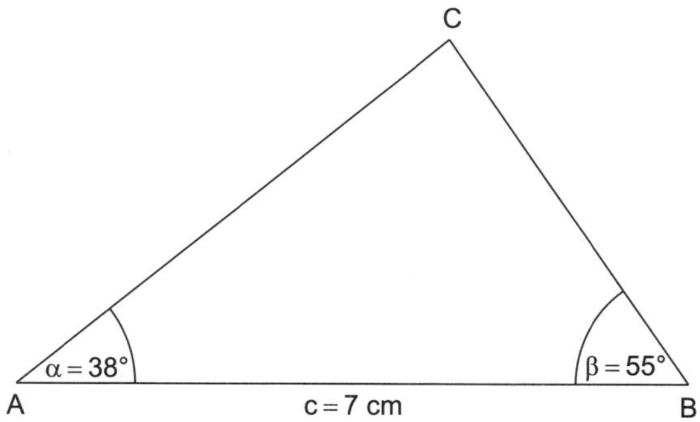

Aufgabengruppe I – Aufgabe 30

gegeben: Trapez mit $a=50\text{ m}$, $c=90\text{ m}$, $h=10\text{ m}$
gesucht: A

Lösung:

$$A=\frac{a+c}{2}\cdot h$$

$$A=\frac{50\text{ m}+90\text{ m}}{2}\cdot 10\text{ m}$$

$$\underline{\underline{A=700\text{ m}^2}}$$

Der Kanal hat eine Querschnittsfläche von 700 m^2.

Aufgabengruppe I – Aufgabe 31

☒ $6(x-8):(3x+0{,}5)\cdot 2$

☐ $6x-8:2\cdot 3x+0{,}5$

☐ $(6-x):8+2(3x+0{,}5)$

Aufgabengruppe I – Aufgabe 32

a) $\frac{3}{4}$ der Fläche, also $\underline{\underline{75\ \%}}$, sind grau dargestellt.

b) $\frac{4}{8}=\frac{1}{2}$ der Fläche, also $\underline{\underline{50\ \%}}$, sind grau dargestellt.

Aufgabengruppe I – Aufgabe 33

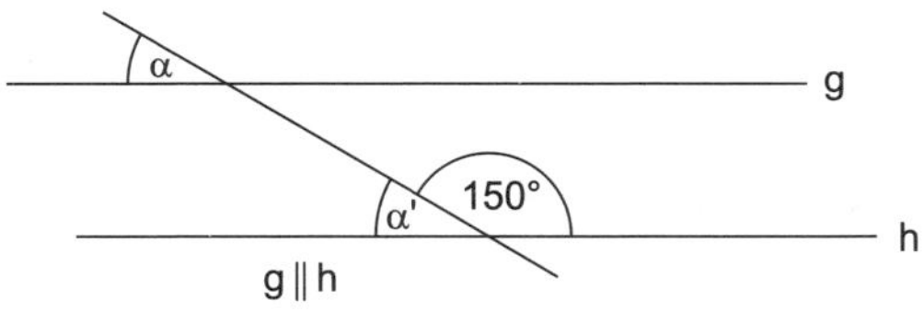

Der 150°-Winkel und α' ergänzen sich zu 180°.

$$\alpha'+150°=180° \qquad |-150°$$

$$\underline{\underline{\alpha'=30°}}$$

α und α' sind Stufenwinkel und daher gleich groß.

$\Rightarrow\ \alpha=\underline{\underline{30°}}$ ^

Aufgabengruppe II – Aufgabe 1

gegeben: Kreiszylinder mit $h_k = 1{,}25$ m, $d = 1{,}00$ m ($\Rightarrow$ $r = 0{,}50$ m)
gesucht: V in ℓ

Lösung:
$$V = A_G \cdot h_k$$
$$V = \pi \cdot r^2 \cdot h_k$$
$$V = \pi \cdot (0{,}50\text{ m})^2 \cdot 1{,}25\text{ m}$$
$$V \approx 0{,}98175\text{ m}^3$$
$$V \approx 981{,}75\text{ dm}^3 \approx \underline{\underline{982\ \ell}}$$

Es passen ungefähr 982 ℓ Wasser in die Regentonne.

Aufgabengruppe II – Aufgabe 2

a) 35 Jahre

b) Rechne mit gleichen Einheiten:
12 m = 120 dm = 1 200 cm = 12 000 mm
12 000 mm : 3 mm = $\underline{\underline{4\,000}}$

4 000 Skelettkrabben sind so groß wie ein Kaweesaks Drachenbaum.

c) Grundwert: 12 Millionen
Prozentwert: 12 Millionen – 2 Millionen = 10 Millionen
Prozentsatz ist gesucht.

$$:12 \left(\begin{array}{rcl} 12\text{ Mio.} & \mathrel{\hat{=}} & 100\ \% \\ 1 & \mathrel{\hat{=}} & \dfrac{100\ \%}{12} \\ 10\text{ Mio.} & \mathrel{\hat{=}} & \underline{\underline{83{,}3\ \%}} \end{array} \right) :12 \quad \cdot 10$$

(: 12 und · 10 jeweils auf beiden Seiten)

83,3 % der Arten sind schätzungsweise noch unentdeckt.

Aufgabengruppe II – Aufgabe 3

Senkung um 20 % bedeutet, dass der neue Preis 100 % – 20 % = 80 % beträgt.

Grundwert: 80,00 €
Prozentsatz: 80 %
Prozentwert ist gesucht.

$$\begin{array}{rrcll} :100 & 100\,\% & \mathrel{\hat{=}} & 80{,}00\,€ & :100 \\ & 1\,\% & \mathrel{\hat{=}} & 0{,}80\,€ & \\ \cdot 80 & 80\,\% & \mathrel{\hat{=}} & \underline{\underline{64{,}00\,€}} & \cdot 80 \end{array}$$

Die Jacke kostet nach der Preissenkung 64,00 €.

Erhöhung um 20 % bedeutet, dass der neue Preis 100 % + 20 % = 120 % beträgt.

Grundwert: 64,00 €
Prozentsatz: 120 %
Prozentwert ist gesucht.

$$\begin{array}{rrcll} :100 & 100\,\% & \mathrel{\hat{=}} & 64{,}00\,€ & :100 \\ & 1\,\% & \mathrel{\hat{=}} & 0{,}64\,€ & \\ \cdot 120 & 120\,\% & \mathrel{\hat{=}} & \underline{\underline{76{,}80\,€}} & \cdot 120 \end{array}$$

Die Jacke kostet nun 76,80 €. Johanna hat **nicht recht**, denn der Preis hat sich verändert.

Aufgabengruppe II – Aufgabe 4

a) $645 - 372 - 87 - 52 = \underline{\underline{134}}$

134 Schülerinnen und Schüler kommen zu Fuß in die Schule.

b) Grundwert: 645
Prozentwert: 87
Prozentsatz ist gesucht.

$$\begin{array}{rrcll} :645 & 645 & \mathrel{\hat{=}} & 100\,\% & :645 \\ & 1 & \mathrel{\hat{=}} & \dfrac{100\,\%}{645} & \\ \cdot 87 & 87 & \mathrel{\hat{=}} & \underline{\underline{13{,}5\,\%}} & \cdot 87 \end{array}$$

13,5 % der Schülerinnen und Schüler kommen mit dem Fahrrad zur Schule.

Aufgabengruppe II – Aufgabe 5

a) Länge a = 8 cm   Breite (Tiefe) b = 6 cm   Höhe c = 4 cm

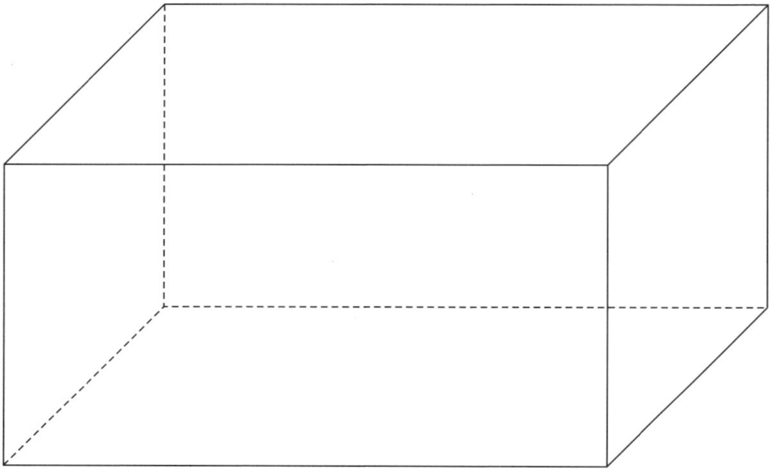

Die Tiefe wird im Winkel $\alpha = 45°$ und um die Hälfte verkürzt ($q = \frac{1}{2}$) gezeichnet.

b) gegeben: Quader mit $V = 96\ cm^3$, $a = 8\ cm$, $b = 6\ cm$

gesucht: c (Höhe)

Lösung:

$$V = a \cdot b \cdot c$$
$$96\ cm^3 = 8\ cm \cdot 6\ cm \cdot c$$
$$96\ cm^3 = 48\ cm^2 \cdot c \quad \Big| : 48\ cm^2$$
$$\underline{\underline{c = 2\ cm}}$$

c) gegeben: Quader mit $a = 8\ cm$, $b = 6\ cm$, $c = 2\ cm$

gesucht: O

Lösung:

$$O = 2 \cdot (a \cdot b + b \cdot c + a \cdot c)$$
$$O = 2 \cdot (8\ cm \cdot 6\ cm + 6\ cm \cdot 2\ cm + 8\ cm \cdot 2\ cm)$$
$$O = 2 \cdot 76\ cm^2$$
$$\underline{\underline{O = 152\ cm^2}}$$

Aufgabengruppe II – Aufgabe 6

Die Zinsen werden jährlich berechnet und zum Guthaben addiert.

Bank A

1. Jahr

Grundwert: 9 500 €
Prozentsatz: 1,75 %
Prozentwert ist gesucht.

$$\begin{array}{rrcll} :100 & 100\,\% & \triangleq & 9500\,€ & :100 \\ & 1\,\% & \triangleq & 95\,€ & \\ \cdot 1{,}75 & 1{,}75\,\% & \triangleq & \underline{\underline{166{,}25\,€}} & \cdot 1{,}75 \end{array}$$

Guthaben nach dem 1. Jahr:
$9500\,€ + 166{,}25\,€ = \underline{\underline{9666{,}25\,€}}$

2. Jahr

Grundwert: 9 666,25 €
Prozentsatz: 2,15 %
Prozentwert ist gesucht.

$$\begin{array}{rrcll} :100 & 100\,\% & \triangleq & 9666{,}25\,€ & :100 \\ & 1\,\% & \triangleq & 96{,}6625\,€ & \\ \cdot 2{,}15 & 2{,}15\,\% & \triangleq & \underline{\underline{207{,}82\,€}} & \cdot 2{,}15 \end{array}$$

Guthaben nach dem 2. Jahr:
$9666{,}25\,€ + 207{,}82\,€ = \underline{\underline{9874{,}07\,€}}$

3. Jahr

Grundwert: 9 874,07 €
Prozentsatz: 2,5 %
Prozentwert ist gesucht.

$$\begin{array}{rrcll} :100 & 100\,\% & \triangleq & 9874{,}07\,€ & :100 \\ & 1\,\% & \triangleq & 98{,}7407\,€ & \\ \cdot 2{,}5 & 2{,}5\,\% & \triangleq & \underline{\underline{246{,}85\,€}} & \cdot 2{,}5 \end{array}$$

Guthaben nach dem 3. Jahr:
$9874{,}07\,€ + 246{,}85\,€ = \underline{\underline{10120{,}92\,€}}$

Nach 3 Jahren werden Familie Müller bei Bank A 10 120,92 € ausgezahlt.

Bank B

1. Jahr

Grundwert: 9 500 €
Prozentsatz: 2,2 %
Prozentwert ist gesucht.

$$\begin{array}{rrcll} :100 & 100\,\% & \triangleq & 9500\,€ & :100 \\ & 1\,\% & \triangleq & 95\,€ & \\ \cdot 2{,}2 & 2{,}2\,\% & \triangleq & \underline{\underline{209\,€}} & \cdot 2{,}2 \end{array}$$

Guthaben nach dem 1. Jahr:
$9500\,€ + 209\,€ = \underline{\underline{9709\,€}}$

2. Jahr

Grundwert: 9 709 €
Prozentsatz: 2,2 %
Prozentwert ist gesucht.

$$\begin{array}{rrcll} :100 & 100\,\% & \triangleq & 9709\,€ & :100 \\ & 1\,\% & \triangleq & 97{,}09\,€ & \\ \cdot 2{,}2 & 2{,}2\,\% & \triangleq & \underline{\underline{213{,}60\,€}} & \cdot 2{,}2 \end{array}$$

Guthaben nach dem 2. Jahr:
$9709\,€ + 213{,}60\,€ = \underline{\underline{9922{,}60\,€}}$

3. Jahr
Grundwert: 9 922,60 €
Prozentsatz: 2,2 %
Prozentwert ist gesucht.

$$
\begin{array}{lrcll}
:100 & 100\,\% & \hat{=} & 9922{,}60\,€ & :100 \\
 & 1\,\% & \hat{=} & 99{,}2260\,€ & \\
\cdot 2{,}2 & 2{,}2\,\% & \hat{=} & \underline{\underline{218{,}30\,€}} & \cdot 2{,}2
\end{array}
$$

Guthaben nach dem 3. Jahr:
$9922{,}60\,€ + 218{,}30\,€ = \underline{\underline{10\,140{,}90\,€}}$

Nach 3 Jahren werden Familie Müller bei Bank B 10 140,90 € ausgezahlt.
Das Angebot von Bank B bringt der Familie also mehr Zinsen.

Aufgabengruppe II – Aufgabe 7

Bei dieser Aufgabe handelt es sich um eine Proportionalität. Die Lösung erfolgt mit dem Dreisatz.

a) Eine Stadionrunde hat 400 m.

	Weg	Zeit	
: 400	400 m	62 s	: 400
· 1 000	1 m	0,155 s	· 1 000
	1 000 m	155 s	
		= $\underline{\underline{\text{2 min 35 s}}}$	

Für 1 000 m benötigt er 2 min 35 s.

b) 20 min 40 s = 1 240 s

	Zeit	Weg	
: 62	62 s	400 m	: 62
· 1 240	1 s	$\frac{400}{62}$ m	· 1 240
	1 240 s	8 000 m = $\underline{\underline{\text{8 km}}}$	

$8\,000\text{ m} : 400\text{ m} = \underline{\underline{20}}$

Nach 20 min 40 s ist er 8 km bzw. 20 Stadionrunden gelaufen.

Aufgabengruppe II – Aufgabe 8

a) gegeben: 2 halbe Kreise mit d = 5 cm (ergeben einen ganzen Kreis)
Quadrat mit a = 5 cm
gesucht: Flächeninhalt der grauen Fläche

Lösung:
$$A_{grau} = A_{Quadrat} - A_{Kreis}$$
$$A_{grau} = a^2 - \pi \cdot r^2$$
$$A_{grau} = (5\text{ cm})^2 - \pi \cdot (2{,}5\text{ cm})^2$$
$$\underline{\underline{A_{grau} \approx 5{,}37\text{ cm}^2}}$$

b) gegeben: 2 halbe Kreise mit d = 5 m (ergeben einen ganzen Kreis)
Quadrat mit a = 5 m
gesucht: Umfang der grauen Fläche

Lösung:
$$u_{grau} = u_{Kreis} + 2 \cdot a$$
$$u_{grau} = 2 \cdot \pi \cdot r + 2 \cdot a$$
$$u_{grau} = 2 \cdot \pi \cdot 2{,}5\text{ cm} + 2 \cdot 5\text{ cm}$$
$$\underline{\underline{u_{grau} \approx 25{,}71\text{ cm}}}$$

Aufgabengruppe II – Aufgabe 9

Es handelt sich um eine Proportionalität. Löse mit dem Dreisatz.

a)

	Preis	Menge	
: 62,16	62,16 €	42 ℓ	: 62,16
· 59,20	1 €	$\frac{42}{62{,}16}$ ℓ	· 59,20
	59,20 €	$\underline{\underline{40\ \ell}}$	

Herr Kunz tankt 40 ℓ Kraftstoff.

b)

	Menge	Preis	
: 42	42 ℓ	62,16 €	: 42
· 35	1 ℓ	1,48 €	· 35
	35 ℓ	$\underline{\underline{51{,}80\ €}}$	

Frau Munzert zahlt 51,80 €.

Aufgabengruppe II – Aufgabe 10

Preis ohne Mehrwertsteuer:

$$53\ \text{m}^2 \cdot 9{,}60\ \frac{€}{\text{m}^2} = \underline{\underline{508{,}80\ €}}$$

Preis mit Mehrwertsteuer:
Grundwert: 508,80 €
Prozentsatz: 100 % + 19 % = 119 %
Prozentwert ist gesucht.

$$\begin{array}{lrcll} :100 & 100\ \% & \triangleq & 508{,}80\ € & :100 \\ & 1\ \% & \triangleq & 5{,}0880\ € & \\ \cdot 119 & 119\ \% & \triangleq & 605{,}47\ € & \cdot 119 \end{array}$$

$$605{,}47\ € + 65\ € = \underline{\underline{670{,}47\ €}}$$

Die Pflastersteine kosten mit Transport 670,47 €.

Aufgabengruppe II – Aufgabe 11

a) Die beiden Geraden schneiden sich um **12.00 Uhr**, d.h., zu dieser Zeit treffen sich die beiden Züge.

b) Zug A fährt von 9.00 Uhr bis ca.13.40 Uhr, also **4 Stunden 40 Minuten**.

c) Die beiden Züge treffen sich nach 200 km, Zug B muss also noch **130 km** fahren.

d) Zug A fährt von 9.00 Uhr bis 12.00 Uhr, er benötigt also **3 Stunden** bis zum Treffpunkt.

Aufgabengruppe II – Aufgabe 12

a) $233 + 87 + 42 + 18 = \underline{\underline{380}}$

$$\begin{array}{lrcll} :380 & 380 & \triangleq & 100\ \% & :380 \\ & 1 & \triangleq & \frac{100}{380}\ \% & \\ & 233 & \triangleq & 61{,}3\ \% & \text{(Pkw)} \\ & 87 & \triangleq & 22{,}9\ \% & \text{(Lkw)} \\ & 42 & \triangleq & 11{,}1\ \% & \text{(Motorräder)} \\ & 18 & \triangleq & 4{,}7\ \% & \text{(Busse)} \end{array}$$

b) Die Darstellung des Sachverhaltes könnte z. B. in einem Kreis- oder Säulendiagramm erfolgen.

Kreisdiagramm

$1\,\% \mathrel{\hat{=}} 3{,}6°$

Fahrzeuge	Prozent	Grad ($\cdot 3{,}6$)
Pkw	61,3 %	≈ 221°
Lkw	22,9 %	≈ 82°
Motorräder	11,1 %	≈ 40°
Busse	4,7 %	≈ 17°

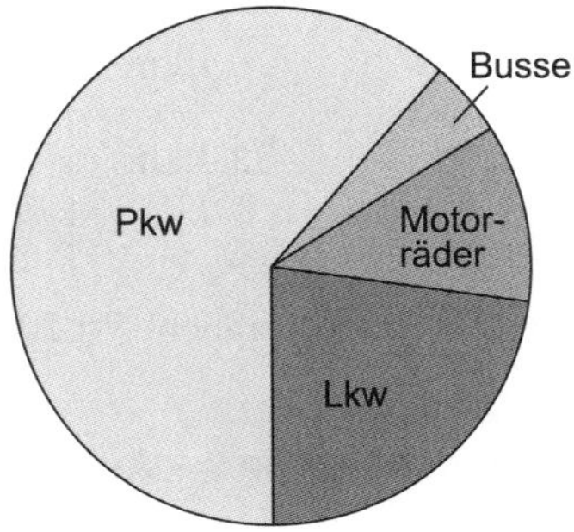

Säulendiagramm

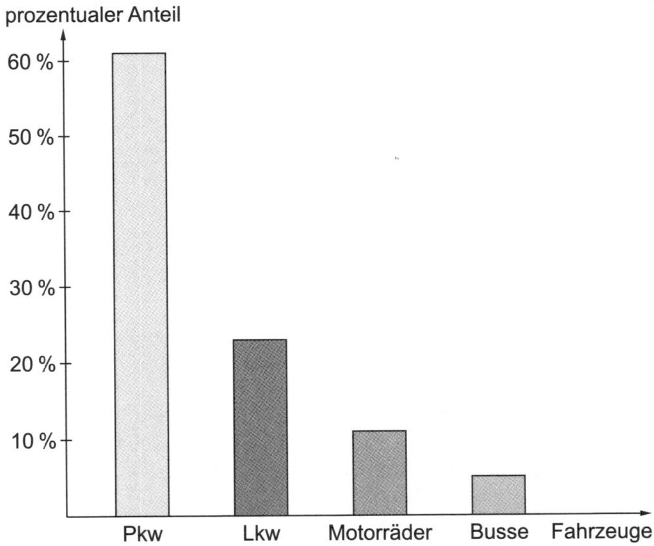

Aufgabengruppe II – Aufgabe 13

Es handelt sich um eine Proportionalität. Löse mit dem Dreisatz.

a)

	Zeit	Entfernung	
: 3	3 h	12,6 km	: 3
· 4,5	1 h	4,2 km	· 4,5
	4,5 h	<u>18,9 km</u>	

Die Gruppe wandert 18,9 km weit.

b)

	Entfernung	Zeit	
$:12{,}6$	12,6 km	$3\text{ h} = 180\text{ min}$	$:12{,}6$
	1 km	$\frac{180}{12{,}6}\text{ min}$	
$\cdot 22{,}4$	22,4 km	$320\text{ min} = \underline{\underline{5\text{ h }20\text{ min}}}$	$\cdot 22{,}4$

Die Gruppe braucht 5 h 20 min.

Aufgabengruppe II – Aufgabe 14

a) Gesamtzahl der Schülerinnen und Schüler: $1+5+6+8+3+1+1=25$

6 h, 36 h, 42 h: $\frac{1}{25}=0{,}04=\underline{\underline{4\ \%}}$

12 h: $\frac{5}{25}=\frac{1}{5}=0{,}2=\underline{\underline{20\ \%}}$

18 h: $\frac{6}{25}=0{,}24=\underline{\underline{24\ \%}}$

24 h: $\frac{8}{25}=0{,}32=\underline{\underline{32\ \%}}$

30 h: $\frac{3}{25}=0{,}12=\underline{\underline{12\ \%}}$

b) $6\cdot 1+12\cdot 5+18\cdot 6+24\cdot 8+30\cdot 3+36\cdot 1+42\cdot 1=\underline{\underline{534}}$

Alle zusammen verbringen 534 h vor dem Computer.

c) $534\text{ h} : 25 = \underline{\underline{21{,}36\text{ h}}}$

Im Durchschnitt verbringt jeder der Jugendlichen pro Woche 21,36 h vor dem Computer.

Aufgabengruppe II – Aufgabe 15

a) Zerlege die Figur in Teilflächen.

gegeben: Quadrat I mit $a_1 = 2$ m
Quadrat II mit $a_2 = 4$ m
Dreick III mit $g = 4$ m, $h = 4$ m
gesucht: Gesamtfläche

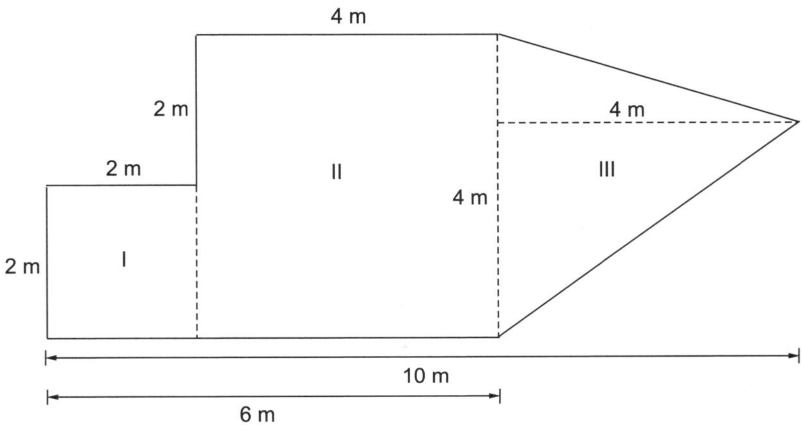

Lösung: Quadrat I: $A = a^2$

$A = (2\ m)^2$

$\underline{\underline{A = 4\ m^2}}$

Quadrat II: $A = a^2$

$A = (4\ m)^2$

$\underline{\underline{A = 16\ m^2}}$

Dreieck III: $A = \frac{g \cdot h_g}{2}$

$A = \frac{4\ m \cdot 4\ m}{2}$

$\underline{\underline{A = 8\ m^2}}$

$A_{ges} = 4\ m^2 + 16\ m^2 + 8\ m^2$

$\underline{\underline{A_{ges} = 28\ m^2}}$

b) Den Umfang der Figur erhält man durch Addition aller Seitenlängen.
$u = 3 \cdot 2\ m + 4\ m + 5\ m + 6\ m + 6\ m$
$\underline{\underline{u = 27\ m}}$

Aufgabengruppe II – Aufgabe 16

a) $(-28) + (-26) + (-20) + (-11) + (-2) + 6 + 12 + 12 + 6 + (-1) + (-12) + (-22) = -86$
$(-86) : 12 \approx \underline{\underline{-7}}$

Die durchschnittliche Jahrestemperatur beträgt ca. –7 °C.

b) niedrigste Temperatur: –28 °C
höchste Temperatur: 12 °C
Temperaturunterschied: $\underline{\underline{40\ °C}}$

Aufgabengruppe II – Aufgabe 17

Schülerzahl insgesamt: $16 + 13 = 29$

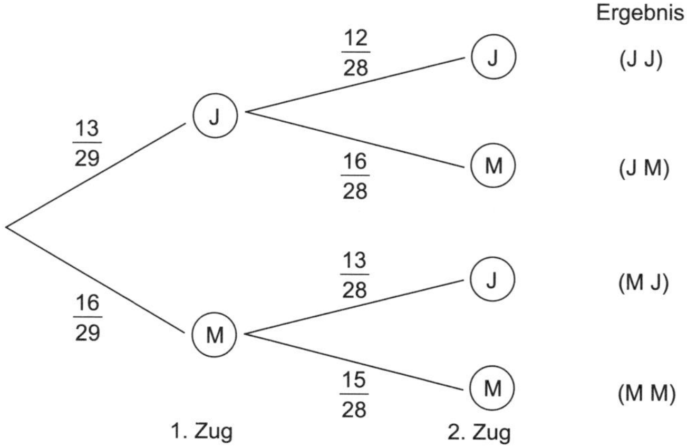

(J) Junge (M) Mädchen

a) $P(J\,J) = \frac{13}{29} \cdot \frac{12}{28} = \frac{39}{203} \approx 0{,}192 = 19{,}2\ \%$

b) $P(J\,M, M\,J) = \frac{13}{29} \cdot \frac{16}{28} + \frac{16}{29} \cdot \frac{13}{28} = \frac{52}{203} + \frac{52}{203} = \frac{104}{203} \approx 0{,}512 = 51{,}2\ \%$

Aufgabengruppe II – Aufgabe 18

a)

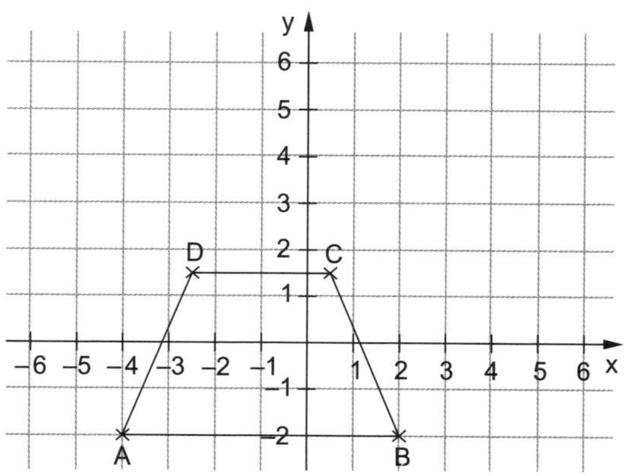

b) Trapez

c) gegeben: Trapez mit $a = 6$ cm, $c = 3$ cm, $h = 3{,}5$ cm
gesucht: A

Lösung: $A = \frac{a + c}{2} \cdot h$

$$A = \frac{6\text{ cm} + 3\text{ cm}}{2} \cdot 3{,}5\text{ cm}$$

$$\underline{\underline{A = 15{,}75\text{ cm}^2}}$$

Aufgabengruppe II – Aufgabe 19

a) Grundwert: 516 TWh
Prozensatz: 14 %
Prozentwert ist gesucht.

$$\begin{array}{l} :100 \\ \cdot 14 \end{array} \begin{array}{rcl} 100\,\% & \hat{=} & 516\text{ TWh} \\ 1\,\% & \hat{=} & 5{,}16\text{ TWh} \\ 14\,\% & \hat{=} & \underline{\underline{72{,}24\text{ TWh}}} \end{array} \begin{array}{l} :100 \\ \cdot 14 \end{array}$$

Es wurden 72,24 TWh aus Kernenergie erzeugt.

b) Grundwert: 516 TWh
Prozensatz: $4\,\% + 8\,\% + 25\,\% + 9\,\% = 46\,\%$
Prozentwert ist gesucht.

$$\begin{array}{l} :100 \\ \cdot 46 \end{array} \begin{array}{rcl} 100\,\% & \hat{=} & 516\text{ TWh} \\ 1\,\% & \hat{=} & 5{,}16\text{ TWh} \\ 46\,\% & \hat{=} & \underline{\underline{237{,}36\text{ TWh}}} \end{array} \begin{array}{l} :100 \\ \cdot 46 \end{array}$$

Es wurden 237,36 TWh aus erneuerbaren Energien erzeugt.

Aufgabengruppe II – Aufgabe 20

a) gegeben: rechtwinkliges Dreieck mit $c = 602$ m, $b = 510$ m
gesucht: a

Lösung mit dem Satz des Pythagoras:

$$c^2 = a^2 + b^2 \qquad | -b^2$$
$$a^2 = c^2 - b^2$$
$$a^2 = (602\text{ m})^2 - (510\text{ m})^2$$
$$a^2 = 102\,304 \qquad | \sqrt{\ }$$
$$\underline{\underline{a \approx 320\text{ m}}}$$

b) gegeben: rechtwinkliges Dreieck mit $a = 320$ m, $b = 510$ m
gesucht: A

Lösung: $A = \frac{a \cdot b}{2}$

$$A = \frac{320\text{ m} \cdot 510\text{ m}}{2}$$
$$\underline{\underline{A = 81\,600\text{ m}^2}}$$

c) z. B. Maßstab 1 : 10 000,
d. h., 1 cm im Bild entsprechen 10 000 cm = 100 m in Wirklichkeit.

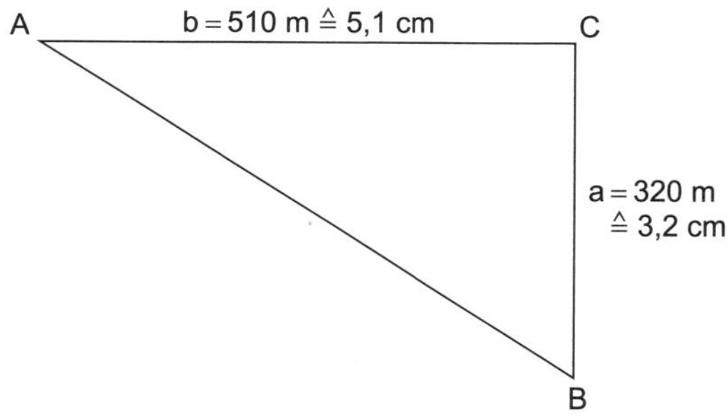

Aufgabengruppe II – Aufgabe 21

a) gegeben: Kreis mit $d = 8{,}5$ m ($\Rightarrow$ $r = 4{,}25$ m)
gesucht: A

Lösung: $A = \pi \cdot r^2$

$$A = \pi \cdot (4{,}25\text{ m})^2$$
$$\underline{\underline{A \approx 56{,}75\text{ m}^2}}$$

Der Springbrunnen nimmt eine Fläche von ungefähr 57 m^2 ein.

b) gegeben: Zylinder mit $G = 56{,}75\ m^2$, $h_k = 60\ cm$
gesucht: Volumen V in ℓ

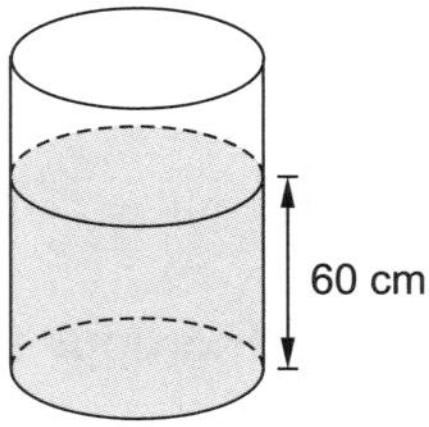

Lösung:
$$V = G \cdot h_k$$
$$V = 56{,}75\ m^2 \cdot 0{,}60\ m$$
$$V \approx 34{,}05\ m^3 = 34\,050\ dm^3 = \underline{\underline{34\,050\ \ell}}$$

Im Brunnen befinden sich ungefähr 34 050 Liter Wasser.

Aufgabengruppe II – Aufgabe 22

Eine Woche hat 7 Tage.

$$\underline{\underline{P(\text{geboren am Sonntag}) = \frac{1}{7} \approx 0{,}143 \approx 14{,}3\ \%}}$$

Die Wahrscheinlichkeit, an einem Sonntag geboren zu sein, beträgt ca. 14,3 %.

Aufgabengruppe II – Aufgabe 23

a) gegeben: Kugel mit $d = 42\ cm$ ($\Rightarrow\ r = 21\ cm$), $1\ cm^3$ wiegt 0,3 g
gesucht: Masse m

Lösung:
$$V_{Kugel} = \frac{4}{3} \cdot \pi \cdot r^3$$
$$V_{Kugel} = \frac{4}{3} \cdot \pi \cdot (21\ cm)^3$$
$$\underline{\underline{V_{Kugel} \approx 38\,792{,}386\ cm^3}}$$

$$m = 0{,}3\ \frac{g}{\cancel{cm^3}} \cdot 38\,792{,}386\ \cancel{cm^3}$$
$$m \approx 11\,637{,}716\ g$$
$$\underline{\underline{m \approx 11{,}638\ kg}}$$

Eine Kugel mit einer Masse von fast 12 kg kann man tragen.

b) gegeben: Kugel mit $d = 84\ cm$ ($\Rightarrow\ r = 42\ cm$), $1\ cm^3$ wiegt 0,3 g
gesucht: Masse m

Lösung:
$$V = \frac{4}{3} \cdot \pi \cdot r^3$$
$$V = \frac{4}{3} \cdot \pi \cdot (42\ cm)^3$$
$$\underline{\underline{V \approx 310\,339{,}09\ cm^3}}$$

$$m = 0{,}3\,\frac{g}{\cancel{cm^3}} \cdot 310339{,}09\ \cancel{cm^3}$$

$$m \approx 93101{,}727\ g \approx \underline{\underline{93{,}1\ kg}}$$

Aufgabengruppe II – Aufgabe 24

a) Erstelle für Angebot A und Angebot B jeweils eine Wertetabelle und trage dann die geordneten Zahlenpaare als Punkte in das Koordinatensystem ein.

Angebot A: $y = 0{,}25 \cdot x + 30$

gefahrene km x	0	50	100	150	200	250	300	350
Kosten in € y	30	42,50	55	67,50	80	92,50	105	117,50

Angebot B: $y = 0{,}15 \cdot x + 45$

gefahrene km x	0	50	100	150	200	250	300	350
Kosten in € y	45	52,50	60	67,50	75	82,50	90	97,50

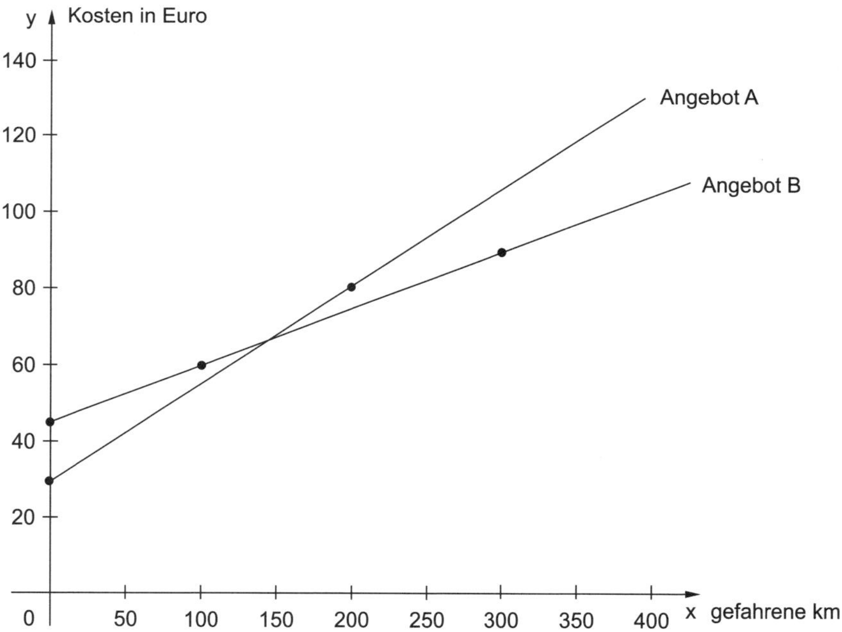

b) **Angebot A:**

$3 \cdot 30\ € + 300 \cdot 0{,}25\ € = \underline{\underline{165\ €}}$

Angebot B:

$3 \cdot 45\ € + 300 \cdot 0{,}15\ € = \underline{\underline{180\ €}}$

Der Umzug würde mit Angebot A 165 € kosten, mit Angebot B 180 €.

Aufgabengruppe II – Aufgabe 25

a) Grundwert: 17 240 €
Prozentsatz: 19 %
Prozentwert ist gesucht.

$$
\begin{array}{lrcll}
:100 & 100\ \% & \hat{=} & 17\,240\ € & :100 \\
 & 1\ \% & \hat{=} & 172{,}40\ € & \\
\cdot 19 & 19\ \% & \hat{=} & \underline{\underline{3\,275{,}60\ €}} & \cdot 19
\end{array}
$$

$17\,240\ € + 3\,275{,}60\ € + 450\ € + 230\ € = \underline{\underline{21\,195{,}60\ €}}$

Der Pkw kostet insgesamt 21 195,60 €.

b) Grundwert: 21 195,60 €
Prozentsatz: 35 %
Prozentwert ist gesucht.

$$
\begin{array}{lrcll}
:100 & 100\ \% & \hat{=} & 21\,195{,}60\ € & :100 \\
 & 1\ \% & \hat{=} & 211{,}9560\ € & \\
\cdot 35 & 35\ \% & \hat{=} & \underline{\underline{7\,418{,}46\ €}} & \cdot 35
\end{array}
$$

$21\,195{,}60\ € - 7\,418{,}46\ € = \underline{\underline{13\,777{,}14\ €}}$

Familie Neubart muss noch 13 777,14 € bezahlen.

Aufgabengruppe II – Aufgabe 26

a) gegeben: Trapezprisma mit $a = 190\text{ m}$, $c = 570\text{ m}$, $h = 23{,}5\text{ m}$, $h_k = 500\text{ m}$
gesucht: V

Lösung: $V = A_G \cdot h_k$

$$V = \frac{a + c}{2} \cdot h \cdot h_k$$

$$V = \frac{190\text{ m} + 570\text{ m}}{2} \cdot 23{,}5\text{ m} \cdot 500\text{ m}$$

$$\underline{\underline{V = 4\,465\,000\text{ m}^3}}$$

b) $30 \cdot 20\ \text{m}^3 = 600\ \text{m}^3$

$4\,465\,000\ \text{m}^3 : 600\ \text{m}^3 \approx \underline{\underline{7\,442}}$

30 Lkw müssen bei einer Ladefähigkeit von 20 m^3 7 442-mal fahren.

Aufgabengruppe II – Aufgabe 27

$$\begin{aligned} 11x - 47 + 6x + 1 &= -3x + 64 - 2x && \mid \text{zusammenfassen} \\ 17x - 46 &= -5x + 64 && \mid +5x \\ 22x - 46 &= 64 && \mid +46 \\ 22x &= 110 && \mid :22 \\ \underline{\underline{x}} &\underline{\underline{= 5}} \end{aligned}$$

Aufgabengruppe II – Aufgabe 28

$$\begin{aligned} u &= 2a + 2b \\ 96\ \text{cm} &= 2 \cdot 3b + 2b \\ 96\ \text{cm} &= 6b + 2b \\ 96\ \text{cm} &= 8b && \mid :8 \\ \underline{\underline{b}} &\underline{\underline{= 12\ \text{cm}}} \end{aligned}$$

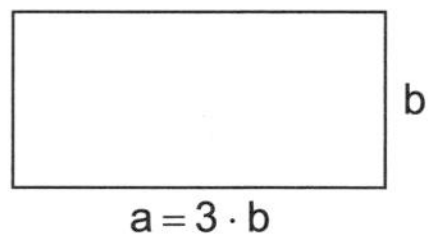

$a = 3 \cdot 12\ \text{cm} = \underline{\underline{36\ \text{cm}}}$

$A = a \cdot b$

$A = 36\ \text{cm} \cdot 12\ \text{cm}$

$\underline{\underline{A = 432\ \text{cm}^2}}$

Aufgabengruppe II – Aufgabe 29

Es handelt sich um eine Proportionalität. Löse mit dem Dreisatz.

a)

	Mietpreis	Quadratmeter	
	440 €	80 m^2	
: 440			: 440
	1 €	$\frac{80}{440}\ \text{m}^2$	
· 632,50			· 632,50
	632,50 €	$\underline{\underline{115\ \text{m}^2}}$	

Die Wohnung der Familie List ist 115 m^2 groß.

b) $440\,€ : 9{,}35\,\frac{€}{m^2} \approx \underline{\underline{47\ m^2}}$

Die Wohnung kann höchstens 47 m^2 groß sein.

Aufgabengruppe II – Aufgabe 30

a) Herr Berg: x

Herr Grau: $2 \cdot x$

Frau Seidel: $\frac{1}{3} \cdot 2x$

Frau Specht: 75 000

$$\begin{aligned} x + 2x + \frac{1}{3} \cdot 2x + 75\,000 &= 250\,500 && |\cdot 3 \\ 3x + 6x + 2x + 225\,000 &= 751\,500 \\ 11x + 225\,000 &= 751\,500 && |-225\,000 \\ 11x &= 526\,500 && |:11 \\ \underline{\underline{x}} &\underline{\underline{\approx 47\,863{,}64}} \end{aligned}$$

Herr Berg: $\underline{\underline{47\,863{,}64\,€}}$

Herr Grau: $2 \cdot 47\,863{,}64\,€ = \underline{\underline{95\,727{,}28\,€}}$

Frau Seidel: $\frac{1}{3} \cdot 2 \cdot 47\,863{,}64\,€ \approx \underline{\underline{31\,909{,}09\,€}}$

Frau Specht: $\underline{\underline{75\,000\,€}}$

b) Herr Paul: $2x \cdot 2 = 4x$

$$\begin{aligned} x + 2x + \frac{1}{3} \cdot 2x + 75\,000 + 4x &= 250\,500 && |\cdot 3 \\ 3x + 6x + 2x + 225\,000 + 12x &= 751\,500 \\ 23x + 225\,000 &= 751\,500 && |-225\,000 \\ 23x &= 526\,500 && |:23 \\ \underline{\underline{x}} &\underline{\underline{\approx 22\,891{,}30}} \end{aligned}$$

Herr Berg: $\underline{\underline{22\,891{,}30\,€}}$

Herr Grau: $2 \cdot 22\,891{,}30\,€ = \underline{\underline{45\,782{,}60\,€}}$

Frau Seidel: $\frac{1}{3} \cdot 2 \cdot 22\,891{,}30\,€ \approx \underline{\underline{15\,260{,}87\,€}}$

Frau Specht: $\underline{\underline{75\,000\ €}}$

Herr Paul: $4 \cdot 22\,891{,}30\ € = \underline{\underline{91\,565{,}20\ €}}$

Aufgabengruppe II – Aufgabe 31

a)

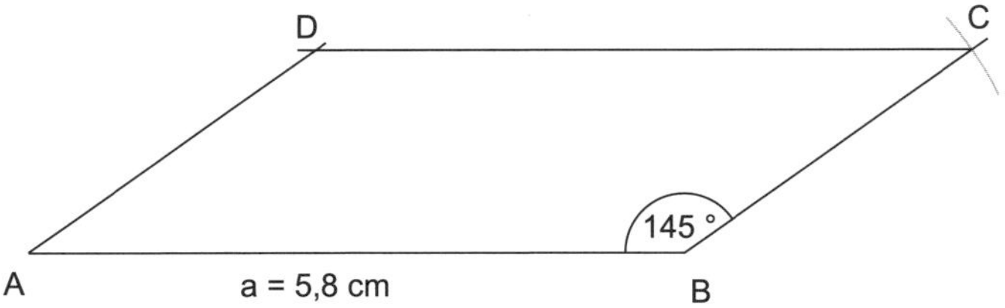

b)

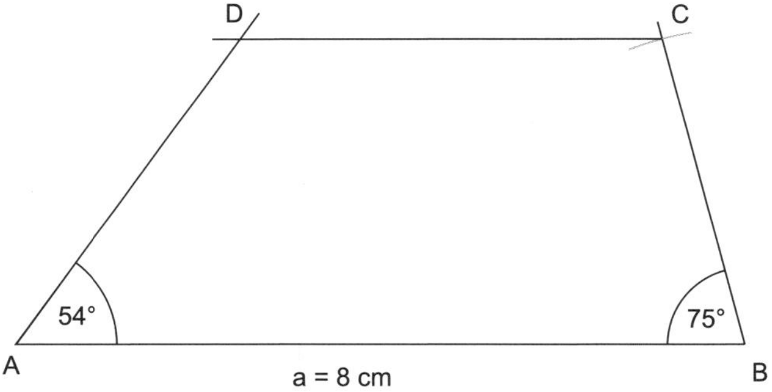

Aufgabengruppe II – Aufgabe 32

a) $12{,}5\ \text{s} + 12{,}9\ \text{s} + 13{,}3\ \text{s} + 13{,}5\ \text{s} + 14{,}1\ \text{s} = 66{,}3\ \text{s}$
$66{,}3\ \text{s} : 5 = \underline{\underline{13{,}26\ \text{s}}}$

Andreas benötigt für die 100 m im Durchschnitt 13,26 s.

b) $14{,}1\ \text{s} - 12{,}5\ \text{s} = \underline{\underline{1{,}6\ \text{s}}}$

Der Unterschied zwischen der besten und der schlechtesten Zeit beträgt 1,6 s.

c)
$$:12{,}5 \left(\begin{array}{rcl} 12{,}5\ \text{s} & \hat{=} & 100\ \text{m} \\ 1\ \text{s} & \hat{=} & \underline{\underline{8\ \text{m}}} \end{array} \right) :12{,}5$$

In 1 s legt Andreas 8 m zurück.

Aufgabengruppe II – Aufgabe 33

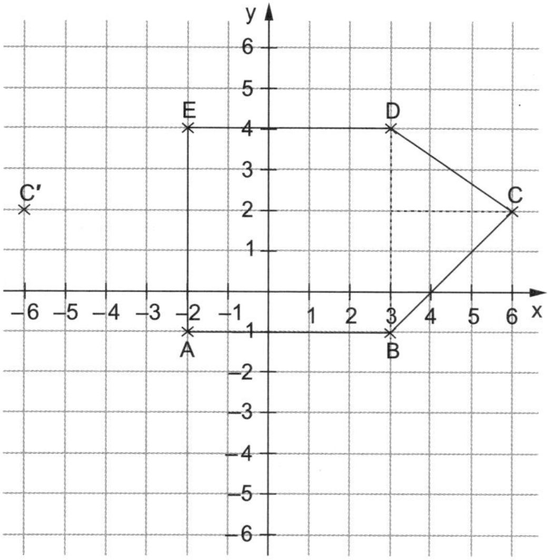

a) gegeben: Quadrat mit a = 5 cm

Dreieck mit g = 5 cm, h = 3 cm

gesucht: Gesamtfläche

Lösung: Quadrat: $A = a^2$

$$A = (5\ \text{cm})^2$$

$$\underline{\underline{A = 25\ \text{cm}^2}}$$

Dreieck: $A = \frac{g \cdot h}{2}$

$$A = \frac{5\ \text{cm} \cdot 3\ \text{cm}}{2}$$

$$\underline{\underline{A = 7{,}5\ \text{cm}^2}}$$

$$A_{ges} = 25\ \text{cm}^2 + 7{,}5\ \text{cm}^2$$

$$\underline{\underline{A_{ges} = 32{,}5\ \text{cm}^2}}$$

b) $C'(-6\,|\,2)$

Aufgabengruppe II – Aufgabe 34

gegeben: Kegel mit $d = 17{,}2\ \text{cm}$ ($\Rightarrow$ $r = 8{,}6\ \text{cm}$), $h_k = 30\ \text{cm}$
gesucht: V

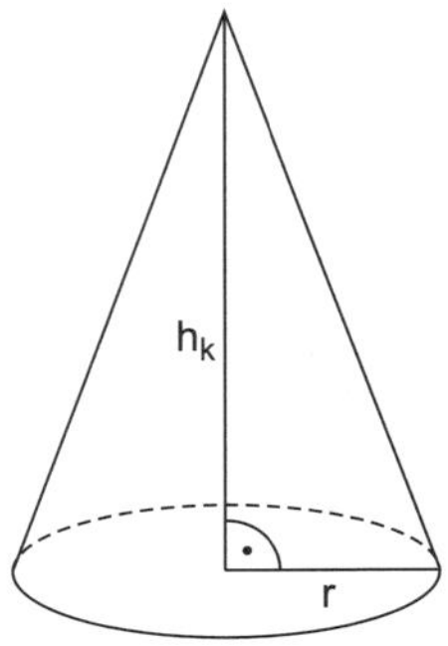

Lösung: $V = \frac{1}{3} \cdot \pi \cdot r^2 \cdot h_k$

$$V = \frac{1}{3} \cdot \pi \cdot (8{,}6\ \text{cm})^2 \cdot 30\ \text{cm}$$

$$\underline{\underline{V \approx 2\,323{,}522\ \text{cm}^3}}$$

Der Hut hat ein Volumen von fast 2 324 cm^3.

Aufgabengruppe II – Aufgabe 35

Ein Einsatzmann ist ca. 1,80 m groß. Er passt etwa 1,5-mal in den Durchmesser des Silos.
$\Rightarrow$ $d = 2{,}70\ \text{m}$

$u = \pi \cdot d$
$u = \pi \cdot 2{,}70\ \text{m}$
$u \approx 8{,}50\ \text{m}$

Der Umfang ist etwa 8,50 m groß.

Aufgabengruppe II – Aufgabe 36

gegeben: Rechteck mit $a = 15\ \text{cm}$, $b = 7\ \text{cm}$
gesucht: Diagonale $\overline{AC} \mathrel{\hat{=}} c$

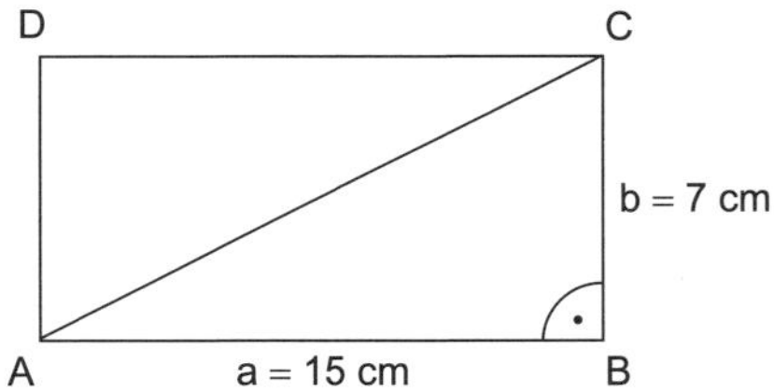

Lösung mit dem Satz des Pythagoras:

$c^2 = a^2 + b^2$
$c^2 = (15\ \text{cm})^2 + (7\ \text{cm})^2$
$c^2 = 274\ \text{cm}^2 \qquad |\sqrt{\ }$
$\underline{\underline{c \approx 16{,}6\ \text{cm}}}$

Die Diagonale hat eine Länge von 16,6 cm.

Aufgabengruppe II – Aufgabe 37

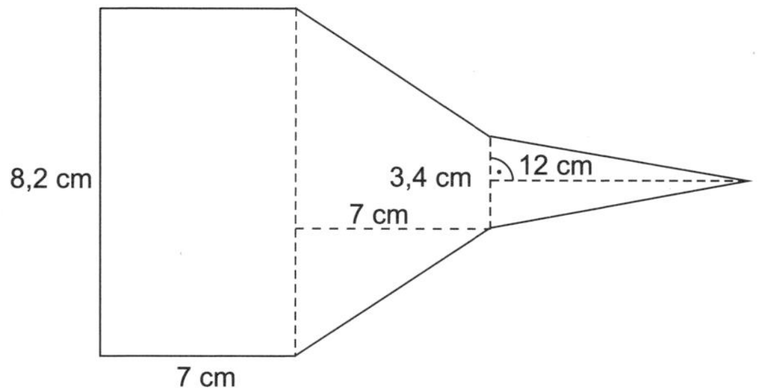

gegeben: Rechteck mit a = 8,2 cm, b = 7 cm
Trapez mit a = 8,2 cm, c = 3,4 cm, h = 7 cm
Dreieck mit g = 3,4 cm, h = 12 cm

gesucht: Gesamtfläche

Lösung: Rechteck: $A = a \cdot b$

$A = 8,2\text{ cm} \cdot 7\text{ cm}$

$\underline{\underline{A = 57,4\text{ cm}^2}}$

Trapez: $A = \frac{a + c}{2} \cdot h$

$A = \frac{8,2\text{ cm} + 3,4\text{ cm}}{2} \cdot 7\text{ cm}$

$\underline{\underline{A = 40,6\text{ cm}^2}}$

Dreieck: $A = \frac{g \cdot h}{2}$

$A = \frac{3,4\text{ cm} \cdot 12\text{ cm}}{2}$

$\underline{\underline{A = 20,4\text{ cm}^2}}$

$A_{ges} = 57,4\text{ cm}^2 + 40,6\text{ cm}^2 + 20,4\text{ cm}^2$

$\underline{\underline{A_{ges} = 118,4\text{ cm}^2}}$

Aufgabengruppe II – Aufgabe 38

a) Prozentwert: 275,99 €
Prozentsatz 1: 119 %
Prozentsatz 2: 116 %
Prozentwert 2 ist gesucht.

$$
\begin{array}{rrcll}
:119 & 119\,\% & \triangleq & 275{,}99\,€ & :119 \\
 & 1\,\% & \triangleq & \dfrac{275{,}99}{119}\,€ & \\
\cdot 116 & 116\,\% & \triangleq & \approx \underline{\underline{269{,}03\,€}} & \cdot 116
\end{array}
$$

Die Mehrwertsteuersenkung wurde komplett an die Kundinnen und Kunden weitergegeben.

b) Prozentwert: 275,99 €
Prozentsatz: 119 %
Grundwert ist gesucht.

$$
\begin{array}{rrcll}
:119 & 119\,\% & \triangleq & 275{,}99\,€ & :119 \\
 & 1\,\% & \triangleq & \dfrac{275{,}99}{119}\,€ & \\
\cdot 100 & 100\,\% & \triangleq & \approx \underline{\underline{231{,}92\,€}} & \cdot 100
\end{array}
$$

Vor der Mehrwertsteuersenkung: $275{,}99\,€ - 231{,}92\,€ = \underline{\underline{44{,}07\,€}}$

Nach der Mehrwertsteuersenkung: $269{,}03\,€ - 231{,}92\,€ = \underline{\underline{37{,}11\,€}}$

c) Grundwert: 275,99 €
Prozentwert: 275,99 € – 269,03 € = 6,96 €
Prozentsatz ist gesucht.

$$
\begin{array}{rrcll}
:275{,}99 & 275{,}99\,€ & \triangleq & 100\,\% & :275{,}99 \\
 & 1\,€ & \triangleq & \dfrac{100}{275{,}99}\,\% & \\
\cdot 6{,}96 & 6{,}96\,€ & \triangleq & \approx \underline{\underline{2{,}52\,\%}} & \cdot 6{,}96
\end{array}
$$

Abschlussprüfung an Hauptschulen in Hessen 2015
Mathematik

1. Teil (ohne Taschenrechner)

1. Teil – Aufgabe 1

a) 2,5 kg + 1,3 kg = **3,8** kg

Erklärung der Lösung:
Addiere stellengerecht. Beachte: Komma unter Komma!

$$\begin{array}{r} 2{,}5\text{ kg} \\ +1{,}3\text{ kg} \\ \hline \underline{\underline{3{,}8\text{ kg}}} \end{array}$$

b) 1,80 € + **3,20** € = 5,00 €

Erklärung der Lösung:
Addition und Subtraktion sind Umkehroperationen: $5{,}00\text{ €} - 1{,}80\text{ €} = \underline{\underline{3{,}20\text{ €}}}$

c) $(4\text{ cm})^2 = \mathbf{16}\text{ cm}^2$

Erklärung der Lösung:
Das Quadrat einer Zahl erhält man, wenn man die Zahl mit sich selbst multipliziert: $(4\text{ cm})^2 = 4\text{ cm} \cdot 4\text{ cm} = \underline{\underline{16\text{ cm}^2}}$

d) $2 \cdot 1{,}2\text{ m} + 2 \cdot 2{,}5\text{ m} = \mathbf{7{,}4}\text{ m}$

Erklärung der Lösung:
Beachte die Punkt- vor Strichrechnung:
$2 \cdot 1{,}2\text{ m} + 2 \cdot 2{,}5\text{ m} = 2{,}4\text{ m} + 5\text{ m} = \underline{\underline{7{,}4\text{ m}}}$

1. Teil – Aufgabe 2

Der Kasten mit vollen Flaschen Mineralwasser wiegt **16** kg.

Erklärung der Lösung:
Im Kasten befinden sich 12 volle Flaschen Mineralwasser:

$$\begin{array}{r} 12 \cdot 1{,}2\text{ kg} \\ \hline 12\phantom{\text{ kg}} \\ 24\phantom{\text{ kg}} \\ \hline 14{,}4\text{ kg} \end{array}$$

Addiere zum Gesamtgewicht aller Flaschen das Gewicht des Kastens ohne Flaschen: $14{,}4\text{ kg} + 1{,}6\text{ kg} = \underline{\underline{16\text{ kg}}}$

1. Teil – Aufgabe 3

Das Waschprogramm ist um **12:20** Uhr fertig.

Erklärung der Lösung:
Dauer des Waschvorgangs: 1 h 35 min
10:45 Uhr + 1 h = 11:45 Uhr
35 min = 15 min + 20 min
11:45 Uhr + 15 min = 12:00 Uhr
12:00 Uhr + 20 min = $\underline{\underline{\text{12:20 Uhr}}}$

1. Teil – Aufgabe 4

Die beiden grauen Flächen haben zusammen einen Flächeninhalt von **7,5** cm^2.

Erklärung der Lösung:
Bilde die Differenz aus dem Flächeninhalt des Rechtecks und dem Flächeninhalt des weißen Dreiecks:

Rechteck $\quad A_{\text{Rechteck}} = a \cdot b = 5\text{ cm} \cdot 3\text{ cm} = 15\text{ cm}^2$

Dreieck $\quad A_{\text{Dreieck}} = \dfrac{g \cdot h_g}{2} = \dfrac{5\text{ cm} \cdot 3\text{ cm}}{2} = 7{,}5\text{ cm}^2$

$$A_{\text{graue Fläche}} = A_{\text{Rechteck}} - A_{\text{Dreieck}} = 15\text{ cm}^2 - 7{,}5\text{ cm}^2 = \underline{\underline{7{,}5\text{ cm}^2}}$$

1. Teil – Aufgabe 5

a) Es sind **60** % grau gefärbt.

Erklärung der Lösung:
6 von 10 Feldern sind grau, also $\frac{6}{10}$.

$$\frac{6}{10} \overset{\cdot 10}{=} \frac{60}{100} = \underline{\underline{60\ \%}}$$

b)

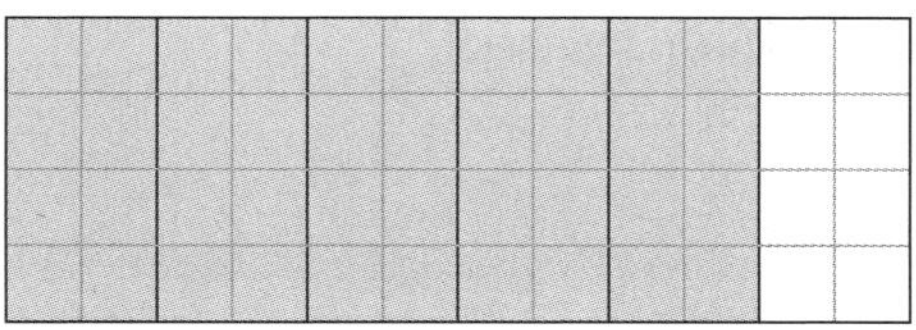

Erklärung der Lösung:
Das Rechteck wird in 6 gleich große Teilflächen geteilt. 5 Teilflächen werden gefärbt.

oder:

$$\begin{aligned} \frac{6}{6} &\triangleq 48 \text{ Kästchen} \quad &&:6 \\ \frac{1}{6} &\triangleq 8 \text{ Kästchen} \quad &&\cdot 5 \\ \frac{5}{6} &\triangleq \underline{\underline{40 \text{ Kästchen}}} \end{aligned}$$

oder:

$\frac{5}{6}$ von 48 Kästchen: $\frac{5}{\cancel{6}_1} \cdot \cancel{48}^{8} = \underline{\underline{40}}$

1. Teil – Aufgabe 6

a)

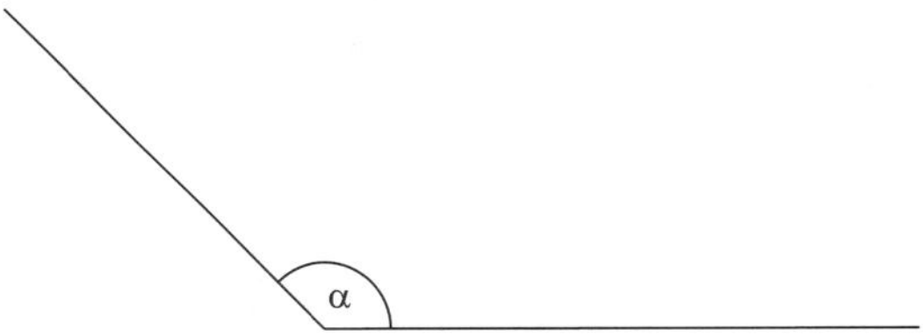

Erklärung der Lösung:
Beachte, dass α ein stumpfer Winkel ist, also größer 90°. Benutze die richtige Skala auf dem Geodreieck. Denke an den Kreisbogen.

b) β = **58°**

Erklärung der Lösung:
β ist ein spitzer Winkel, also kleiner 90°. Benutze die richtige Skala auf dem Geodreieck.

1. Teil – Aufgabe 7

a) A(**2** | **0,5**)

Erklärung der Lösung:
Die 1. Koordinate eines Punktes ist der x-Wert, die 2. Koordinate ist der y-Wert.

b)

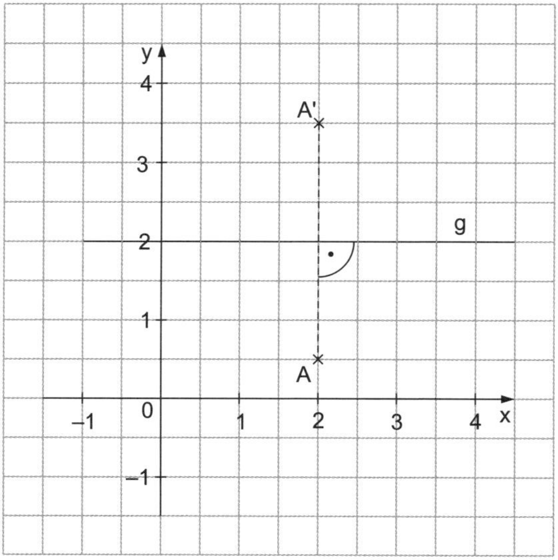

Erklärung der Lösung:
Der Bildpunkt A' liegt oberhalb der Geraden g. Achte auf den gleichen Abstand von Bild- und Originalpunkt zur Geraden g. Die Hilfslinie $\overline{AA'}$ muss senkrecht zur Geraden g verlaufen.

1. Teil – Aufgabe 8

a) P (schwarze Kugel) $= \mathbf{\frac{3}{12} = \frac{1}{4} = 25\ \%}$

Erklärung der Lösung:
Gesamtzahl der Kugeln: 9 (weiße) Kugeln + 3 (schwarze) Kugeln = 12 Kugeln
3 Kugeln von 12 Kugeln sind schwarz.

b) Es müssen **10** Kugeln schwarz gefärbt werden.

Erklärung der Lösung:
x Anzahl der weißen Kugeln
$2 \cdot x$ Anzahl der schwarzen Kugeln
$x + 2 \cdot x = 15$
$3 \cdot x = 15 \quad |:3$
$x = 5$ weiße Kugeln
$\Rightarrow 2 \cdot 5 = \underline{\underline{10}}$ schwarze Kugeln

1. Teil – Aufgabe 9

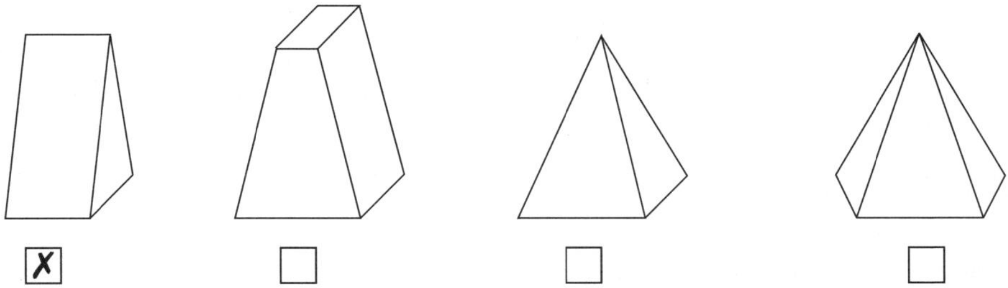

Erklärung der Lösung:
Falte gedanklich die Abwicklung zusammen und prüfe so, welcher der gegebenen Körper entsteht.
Körper 2 enthält Trapeze, die das Netz nicht hat.
Die Körper 3 und 4 sind Pyramiden mit mehr als 2 Dreiecken als Begrenzungsflächen.
Somit entfallen die Körper 2, 3 und 4 für das vorgegebene Netz.
Nur Körper 1 besteht bei der Abwicklung aus 2 Dreiecken und 3 Rechtecken.

Lösungs-Tipps zum 2. Teil

Die folgenden Tipps verraten dir schrittweise einen möglichen Lösungsweg. Lies also den zweiten Tipp erst, wenn du mit dem vorherigen nicht weitergekommen bist.

Tipps zu Aufgabe 10

a)

- Multipliziere die Anzahl der Seiten pro Minute mit der gegebenen Arbeitszeit.

b)

- Bestimme die gesuchte Zeit mit dem Dreisatz.

Tipps zu Aufgabe 11

- Achte beim Zeichnen auf Genauigkeit und korrekte Beschriftung.
- Zeichne die Strecke $\overline{SB} = 6$ cm.
- Trage in S an die Strecke $\overline{SB}$ den Winkel 30° an.
- Trage auf dem freien Schenkel des Winkels von S aus 7 cm ab und erhalte Punkt A.
- Verbinde A und B und miss die Entfernung der Punkte in deiner Zeichnung.
- Vergiss bei der Angabe der Entfernung der beiden Punkte die Einheit nicht.

Tipps zu Aufgabe 12

a)

- Berechne mit dem Dreisatz 20 % von 6,00 €.
- Addiere dein Ergebnis zu 6,00 €.

b)

- Berechne die Differenz zwischen den Flächen der Maxi-Pizza und der Mini-Pizza.
- Bestimme den Prozentsatz mit dem Dreisatz.
- Vergleiche dein Ergebnis mit dem Prozentsatz im Angebot und formuliere einen Antwortsatz.

Tipps zu Aufgabe 13

- Schreibe zuerst die Formel für das Volumen einer Kugel auf.
- Vergiss die Maßeinheiten nicht.
- Gib das Ergebnis in Litern an ($1\ dm^3 = 1\,000\ cm^3$; $1\ dm^3 \mathrel{\hat{=}} 1\ \ell$) und vergleiche mit der Aussage des Trainers.

Tipps zu Aufgabe 14

a)

Ordne, indem du alle Glieder mit Variable nach links und alle Glieder ohne Variable nach rechts bringst.

Isoliere die Variable.

b)

Der Umfang eines Dreiecks ist die Summe seiner Seitenlängen ($u = a + b + c$).

Setze die gegebenen Werte ein und stelle die Gleichung nach der Länge x um.

Tipps zu Aufgabe 15

a)

Schreibe zuerst die Formel für die Oberfläche eines Quaders auf.

Vergiss die Maßeinheiten nicht.

b)

Ein Quader hat 6 Begrenzungsflächen.

Jeweils 2 gegenüberliegende Flächen sind deckungsgleich.

Übertrage das begonnene Quadernetz unter Beachtung der gegebenen Maße und ergänze die beiden fehlenden Flächen $a \cdot c$ und $a \cdot b$.

Achte auf eine korrekte Zeichnung und auf Genauigkeit.

Tipps zu Aufgabe 16

a)

Multipliziere die Anzahl der Schritte mit der Schrittlänge.

b)

Fertige eine Skizze mit Beschriftung an.

Es handelt sich um ein rechtwinkliges Dreieck.

Verwende den Satz des Pythagoras.

Welche Seite liegt dem rechten Winkel gegenüber (Hypotenuse)?

Finde die Seiten, die den rechten Winkel einschließen (Katheten).

Stelle den Satz des Pythagoras für deine beschriftete Skizze auf und stelle nach der gesuchten Höhe um.

Beachte: Das Ergebnis muss auf ganze Meter gerundet werden.

Tipps zu Aufgabe 17

- Bei der Kiste handelt es sich annähernd um einen Quader.
- Stelle einen Bezug zur Größe (Höhe) der Flasche her, um Schätzwerte für die Länge, Breite und Höhe des Quaders zu finden.
- Die Volumenformel für den Quader lautet $V = a \cdot b \cdot c$.
- Gib die Masse in kg an.

Tipps zu Aufgabe W1

a)

- Die erste Koordinate eines Punktes ist der x-Wert, die 2. Koordinate ist der y-Wert.
- Achte auf die Einteilung der Achsen.

b)

- In welchem Umkreis kann der Sendemast senden?
- Bestimme die Entfernung vom Sendemast (Koordinatenursprung) zu jedem Dorf und vergleiche sie mit der Reichweite.

c)

- Der Sendebereich ist ein Kreis mit dem Radius $r = 15$ km.
- Berechne den Flächeninhalt des Kreises mit der Formel $A = \pi \cdot r^2$.
- Denke daran, auf ganze km^2 zu runden.

d)

- Zeichne um jedes Dorf einen Kreis mit dem Radius $r = 15$ km (entspricht im Koordinatensystem $r = 3$ cm).
- Die gemeinsame Schnittfläche der 4 Kreise ist der Koordinatenbereich, in dem der neue Sendemast stehen kann.
- Gib die Koordinaten eines möglichen Punktes an.

Tipps zu Aufgabe W2

a)

- Überlege, wie viel Prozent ein Skalenteil auf der senkrechten Achse des Koordinatensystems entspricht.

b)

- Bilde die Differenz zwischen den prozentualen Anteilen von Jungen und Mädchen.
- Vergleiche die Ergebnisse der drei Jahre, um den größten Unterschied herauszufinden.

c)

Überlege, auf welche Grundwerte sich die Prozentsätze beziehen.

Berechne mit dem Dreisatz zuerst, wie viel 65 % von 1 200 Jungen sind.

Ermittle dann von dieser Anzahl 15 %.

d)

Lies aus dem Koordinatensystem für das Jahr 2006 die Anzahl der Jungen und die Anzahl der Mädchen ab.

Überprüfe, ob der Wert der Jungen doppelt so groß ist wie der Wert der Mädchen.

Tipps zu Aufgabe W3

a)

1. Zähle bei dem Würfel die Anzahl der Felder mit einer „2“.

   Setze diese Zahl ins Verhältnis zur Gesamtzahl aller Felder des Würfels.

2. Zeichne für das zweimalige Würfeln ein Baumdiagramm.

   Überlege, mit welcher Wahrscheinlichkeit jeweils eine „2“ und eine „3“ fällt.

   Da die Anzahl der Felder bei jedem Wurf gleich bleibt, verändert sich auch die Wahrscheinlichkeit nicht.

   Multipliziere die Wahrscheinlichkeiten entlang des Pfades „3–2“ miteinander (1. Pfadregel).

b)

1. Da es sich um einen 6-seitigen Würfel handelt, musst du die Wahrscheinlichkeit für „rot“ auf den Nenner 6 erweitern.

   Der Zähler gibt dann die gesuchte Anzahl an.

2. Zweimal die gleiche Farbe heißt „rot–rot“ oder „grün–grün“.

   Multipliziere die Wahrscheinlichkeiten entlang des Pfades „rot–rot“ sowie des Pfades „grün–grün“ (1. Pfadregel).

   Bilde dann die Summe der Wahrscheinlichkeiten beider Pfade (2. Pfadregel).

Tipps zu Aufgabe W4

a)

Bilde die Differenz aus den Jahreszahlen 2015 und 1945.

b)

Entnimm die benötigten Größen dem Text.

6 020 000 = 6,02 Mio.

Rechne mit dem Dreisatz.

„Runde auf zehntel Prozent“ bedeutet „runde auf eine Nachkommastelle“.

c)

- Dividiere die Einwohnerzahl durch die Größe der Fläche von Hessen.
- Runde sinnvoll.

d)

- Überlege, wie viel Prozent $\frac{1}{5}$ sind.
- Vergleiche dann die Prozentsätze.

Lösungen zum 2. Teil

2. Teil – Aufgabe 10

a) $16 \text{ Seiten} \cdot 15 = \underline{\underline{240 \text{ Seiten}}}$

In 15 Minuten werden 240 Seiten gedruckt.

b) Dreisatz:

	Anzahl der Seiten	Zeit	
: 2	16	1 min	: 2
	8	0,5 min	
· 3	24	$\underline{\underline{1{,}5 \text{ min} = 90 \text{ s}}}$	· 3

Für 24 Seiten benötigt der Drucker 1,5 min bzw. 90 s.

2. Teil – Aufgabe 11

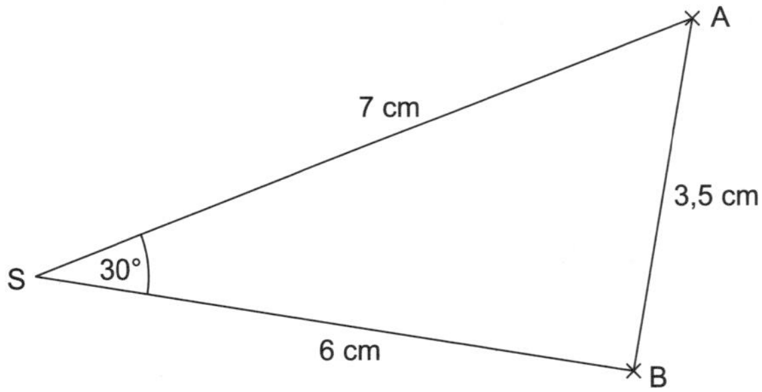

Die Punkte A und B haben eine Entfernung von 3,5 cm.

2. Teil – Aufgabe 12

a) Dreisatz:

	Prozent	Preis	
: 100	100 %	6,00 €	: 100
	1 %	0,06 €	
· 20	20 %	1,20 €	· 20

$6{,}00 \text{ €} + 1{,}20 \text{ €} = \underline{\underline{7{,}20 \text{ €}}}$

oder:

$100\,\% + 20\,\% = 120\,\%$

Dreisatz:

	Prozent	Preis	
: 100	100 %	6,00 €	: 100
	1 %	0,06 €	
· 120	120 %	7,20 €	· 120

Die Maxi-Pizza kostet 7,20 €.

b) $606\ cm^2 - 452\ cm^2 = 154\ cm^2$

Dreisatz:

	Fläche	Prozent	
: 452	452 cm^2	100 %	: 452
	1 cm^2	0,221… %	
· 154	154 cm^2	$34{,}07\ldots\,\% \approx 34\,\%$	· 154

oder:

	Fläche	Prozent	
: 452	452 cm^2	100 %	: 452
	1 cm^2	0,221… %	
· 606	606 cm^2	$134{,}07\ldots\,\% \approx 134\,\%$	· 606

$134\,\% - 100\,\% = 34\,\%$

Vergleich: $34\,\% < 40\,\%$

Die Maxi-Pizza ist **nicht** um 40 % größer, sondern nur um etwa 34 %.

2. Teil – Aufgabe 13

gegeben: Kugel d = 22 cm $\Rightarrow$ r = 11 cm

gesucht: Volumen V in ℓ

Lösung: $V = \frac{4}{3} \cdot \pi \cdot r^3$

$V = \frac{4}{3} \cdot \pi \cdot (11\,\text{cm})^3$

$V = 5\,575{,}279\ldots\,\text{cm}^3$

$V \approx 5\,575\,\text{cm}^3 \overset{:1\,000}{=} 5{,}575\,\text{dm}^3 \mathrel{\hat{=}} \underline{\underline{5{,}575\,\ell}}$

Vergleich: $5{,}575\,\ell > 5\,\ell$

Alis Trainer **hat recht**, denn 5,575 ℓ sind mehr als 5 ℓ.

2. Teil – Aufgabe 14

a)
$$
\begin{aligned}
15x + 10 &= 8x - 11 \quad &&| -8x\\
7x + 10 &= -11 &&| -10\\
7x &= -21 &&| :7\\
\underline{\underline{x}} &\underline{\underline{= -3}}
\end{aligned}
$$

b)
$$
\begin{aligned}
u &= 2x + 2x + 3x\\
42\,\text{cm} &= 7x \quad &&| :7\\
\underline{\underline{x}} &\underline{\underline{= 6\,\text{cm}}}
\end{aligned}
$$

2. Teil – Aufgabe 15

a) gegeben: Quader a = 4,5 cm
b = 3 cm
c = 1,5 cm

gesucht: Oberfläche A_O

Lösung: $A_O = 2 \cdot (a \cdot b + a \cdot c + b \cdot c)$

$A_O = 2 \cdot (4{,}5\,\text{cm} \cdot 3\,\text{cm} + 4{,}5\,\text{cm} \cdot 1{,}5\,\text{cm} + 3\,\text{cm} \cdot 1{,}5\,\text{cm})$

$A_O = 2 \cdot (13{,}5\,\text{cm}^2 + 6{,}75\,\text{cm}^2 + 4{,}5\,\text{cm}^2)$

$A_O = 2 \cdot 24{,}75\,\text{cm}^2$

$\underline{\underline{A_O = 49{,}5\,\text{cm}^2}}$

b)

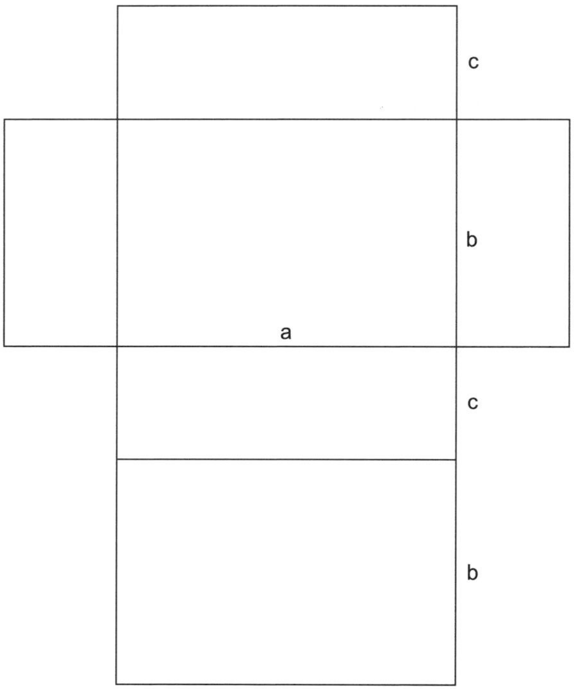

2. Teil – Aufgabe 16

a) $t = 14 \cdot 0{,}8\ \text{m}$

$\underline{\underline{t = 11{,}2\ \text{m}}}$

b) Berechnung der Höhe h mit dem Satz des Pythagoras:

$a^2 + b^2 = c^2$

$h^2 + t^2 = s^2 \qquad |-t^2$

$h^2 = s^2 - t^2$

$h^2 = (25\ \text{m})^2 - (11{,}2\ \text{m})^2$

$h^2 = 499{,}56\ \text{m}^2 \qquad |\sqrt{\ }$

$h = 22{,}350\ldots\ \text{m}$

$\underline{\underline{h \approx 22\ \text{m}}}$

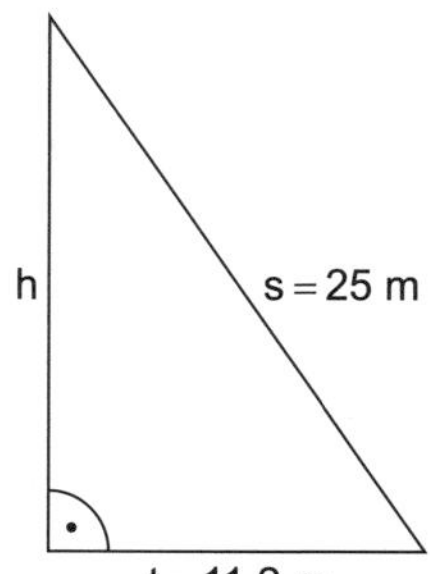

2. Teil – Aufgabe 17

gegeben: Quader
Annahme: Höhe der Flasche 30 cm
Schätzwerte: Länge des Quaders a = 90 cm
Breite des Quaders b = 70 cm
Höhe des Quaders c = 50 cm

gesucht: Volumen V, Masse m

Lösung:

$$V = a \cdot b \cdot c$$

$$V = 90\text{ cm} \cdot 70\text{ cm} \cdot 50\text{ cm}$$

$$\underline{\underline{V = 315\,000\text{ cm}^3}}$$

$$m = 315\,000\ \cancel{\text{cm}^3} \cdot 2{,}2\ \frac{\text{g}}{\cancel{\text{cm}^3}}$$

$$m = 693\,000\text{ g} \quad \Big) : 1\,000$$

$$\underline{\underline{m = 693\text{ kg}}}$$

Eine Kiste wiegt ungefähr 693 kg.

Hinweis:
Als geschätzte Länge des Quaders wird jede Angabe zwischen 70 cm und 140 cm, als geschätzte Breite jede Angabe zwischen 40 cm und 100 cm und als geschätzte Höhe jede Angabe zwischen 30 cm und 70 cm akzeptiert (Orientierung an der Größe der Saftflasche). Beachte bei dieser Aufgabe, dass dein Ergebnis von dem gerechneten Beispiel abweichen kann, falls du andere Ausgangsmaße gewählt hast.

2. Teil – Aufgabe W1

a) **B-Dorf (7,5 | 0)**

b) **D-Dorf** liegt nicht im Sendebereich des Sendemastes.

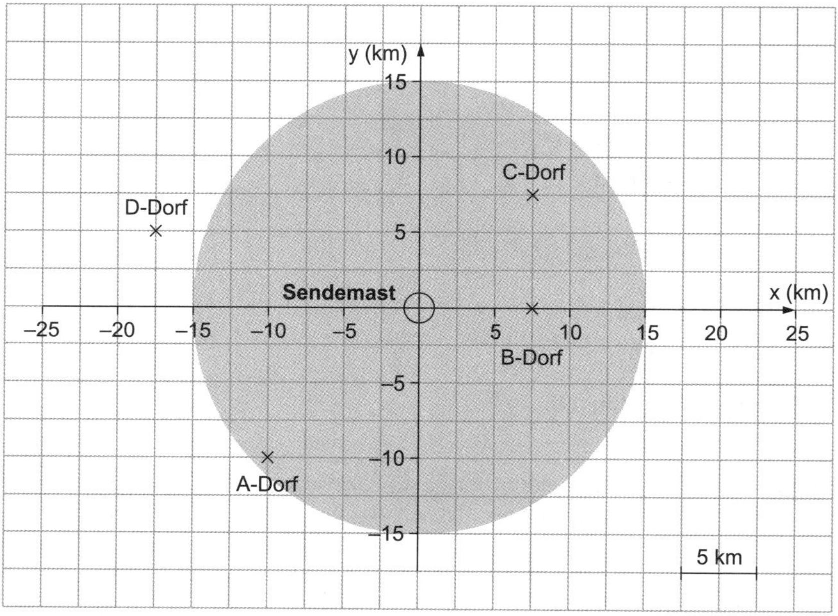

Begründung:
Der Sendemast kann im Umkreis von 15 km senden. Diese Angabe entspricht im Koordinatensystem einer Entfernung von 3 cm vom Koordinatenursprung. Deshalb zeichne ich einen Kreis um den Sendemast (Koordinatenursprung) mit dem Radius r = 3 cm. Da D-Dorf außerhalb des Kreises liegt, ist dieses Dorf nicht im Sendebereich.

c) gegeben: Kreis mit r = 15 km
gesucht: Flächeninhalt A

Lösung: $A = \pi \cdot r^2$

$A = \pi \cdot (15\text{ km})^2$

$A = 706{,}858\ldots\text{ km}^2$

$\underline{\underline{A \approx 707\text{ km}^2}}$

d)

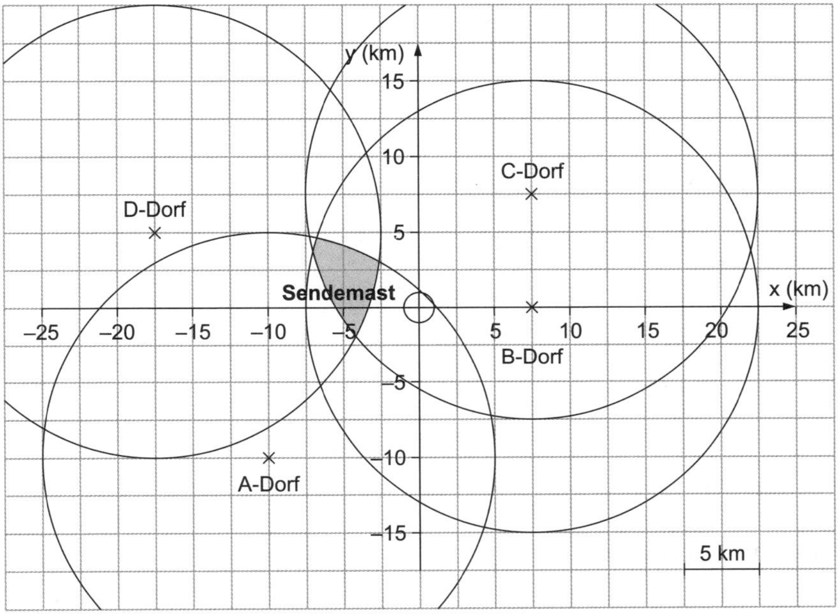

Der neue Sendemast kann im grauen Bereich gebaut werden, z. B. bei S(–5 | 0) oder S(–5 | 2,5).

Hinweis:
Die Koordinaten eines möglichen Punktes S für die Position des neuen Sendemastes kann man auch durch Probieren finden.

2. Teil – Aufgabe W2

a) **56 %** der Mädchen nutzten im Jahr 2009 das Internet.

b) Jahr 2006 $65\,\% - 36\,\% = \underline{\underline{29\,\%}}$

Jahr 2009 $75\,\% - 56\,\% = \underline{\underline{19\,\%}}$

Jahr 2012 $92\,\% - 86\,\% = \underline{\underline{6\,\%}}$

⇒ Im Jahr **2006** war der Unterschied zwischen Jungen und Mädchen bei der Internet-Nutzung am größten.

c) 1. Dreisatz:

	Prozent	Anzahl der Jungen	
: 100	100 %	1 200	: 100
· 65	1 %	12	· 65
	65 %	780	

Im Jahr 2006 nutzten 780 Jungen das Internet.

2. Dreisatz:

	Prozent	Anzahl der Jungen	
: 100	100 %	780	: 100
· 15	1 %	7,8	· 15
	15 %	117	

117 Jungen waren täglich im Internet.

d) Paul hat **nicht recht**.

Begründung:
Es sind 36 % der Mädchen und 65 % der Jungen. 65 ist nicht das Doppelte von 36.

2. Teil – Aufgabe W3

a) 1. 2 Felder von 6 gleich großen Feldern tragen die Beschriftung „2“.

Wahrscheinlichkeit (2) $= \frac{2}{6} = \frac{1}{3} = 0,33\ldots \approx 33,33\ \%$

2.

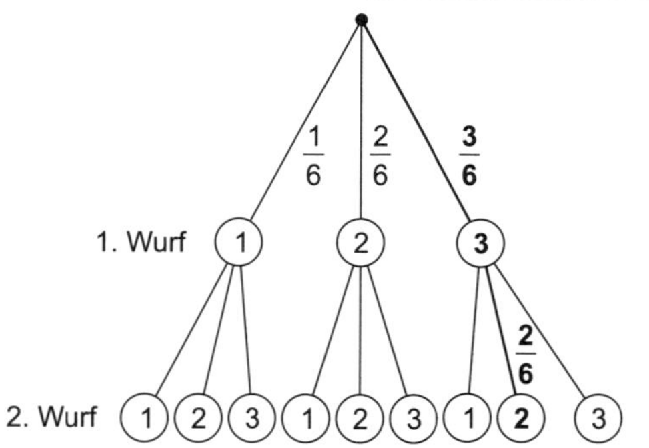

Wahrscheinlichkeit (3; 2) $= \frac{3}{6} \cdot \frac{2}{6} = \frac{6}{36} = \frac{1}{6} = 0,166\ldots \approx 16,67\ \%$

b) 1. $\text{Wahrscheinlichkeit (rot)} = \frac{1}{3} = \frac{2}{6}$

Es sind $\underline{\underline{\text{2 Seiten}}}$ von 6 Seiten des Würfels rot gefärbt.

2. $\text{Wahrscheinlichkeit (rr oder gg)} = P(rr) + P(gg) = \frac{1}{3} \cdot \frac{1}{3} + \frac{2}{3} \cdot \frac{2}{3}$

$= \frac{1}{9} + \frac{4}{9} = \underline{\underline{\frac{5}{9} = 0{,}55\ldots \approx 55{,}56\ \%}}$

2. Teil – Aufgabe W4

a) $2015 - 1945 = \underline{\underline{70}}$

Am 19. 09. 2015 besteht das Land Hessen seit 70 Jahren.

b) Dreisatz:

	Einwohnerzahl	Prozent	
: 80,5	80,5 Mio.	100 %	: 80,5
	1 Mio.	1,242... %	
· 6,02	6,02 Mio.	$7{,}478\ldots\ \% \approx \underline{\underline{7{,}5\ \%}}$	· 6,02

oder:

$\frac{6\,020\,000}{80\,500\,000} \cdot 100\ \% = 7{,}478\ldots\ \% \approx \underline{\underline{7{,}5\ \%}}$

7,5 % aller Einwohner Deutschlands leben in Hessen.

c) $6\,020\,000\ \text{Einwohner} : 21\,115\ \text{km}^2 = 285{,}105\ldots\ \text{Einwohner pro km}^2$

$\approx \underline{\underline{285\ \text{Einwohner pro km}^2}}$

Hinweis:
Auch 286 Einwohner pro km^2 wird als Ergebnis akzeptiert.

d) $\frac{1}{5} = \frac{20}{100} = 20\ \%$

$20\ \% > 13{,}5\ \%$

$\Rightarrow$ Lisa **hat recht**.

Abschlussprüfung an Hauptschulen in Hessen 2016
Mathematik

1. Teil (ohne Taschenrechner)

1. Teil – Aufgabe 1

a) $0{,}85 \cdot 100 = \mathbf{85}$

Erklärung der Lösung:
Das Komma wird um 2 Stellen nach rechts verschoben.

b) $2{,}4 - 0{,}35 = \mathbf{2{,}05}$

Erklärung der Lösung:
Schreibe stellengerecht untereinander.

$$\begin{array}{r} 2{,}40 \\ -0{,}35 \\ {\scriptstyle 1} \\ \hline \underline{\underline{2{,}05}} \end{array}$$

c) $2 \cdot 15 + 42 : 6 = \mathbf{37}$

Erklärung der Lösung:
Beachte die Punkt-vor-Strich-Regel.

$$\begin{aligned} & 2 \cdot 15 + 42 : 6 \\ = \; & 30 + 7 \\ = \; & \underline{\underline{37}} \end{aligned}$$

d) $8\text{ kg} + 700\text{ g} = \mathbf{8\,700\text{ g}}$

Erklärung der Lösung:
Wandle in die gleiche Einheit um:
$1\text{ kg} = 1\,000\text{ g} \quad \Rightarrow \quad 8\text{ kg} = 8\,000\text{ g}$
$8\,000\text{ g} + 700\text{ g} = \underline{\underline{8\,700\text{ g} = 8{,}7\text{ kg}}}$

1. Teil – Aufgabe 2

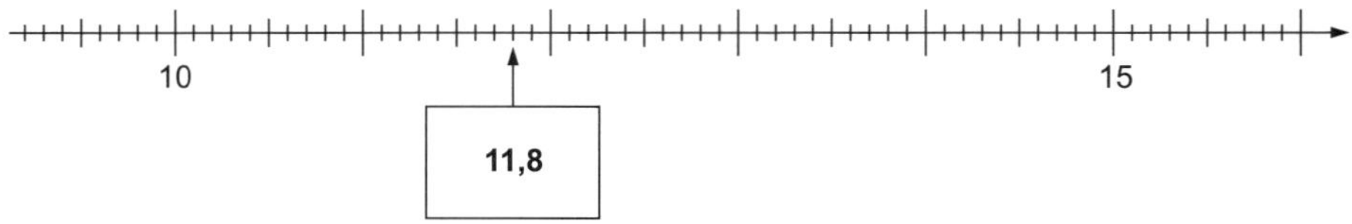

Erklärung der Lösung:
Beschrifte den Zahlenstrahl, indem du in Einerschritten entlang der langen Striche von 10 bis 15 zählst. Finde dann heraus, was ein kleiner Skalenteil bedeutet.

1. Teil – Aufgabe 3

a) Anteil der Gummibären $= \mathbf{\frac{3}{20}}$

Erklärung der Lösung:

$$\text{Anteil der Gummibären} = \frac{\text{Anzahl der Gummibären}}{\text{Gesamtzahl aller Süßigkeiten}}$$

b) Es sind **25 %** Himbeerbonbons.

Erklärung der Lösung:
5 Himbeerbonbons von 20 Süßigkeiten: $\frac{5}{20}$

$$\frac{5}{20} \overset{\cdot 5}{\triangleq} \frac{25}{100} = \underline{\underline{25\ \%}}$$

1. Teil – Aufgabe 4

Nancy bezahlt **9,90 €**.

Erklärung der Lösung:
$10 \cdot 0{,}70\ € = 7{,}00\ €$
$2 \cdot 1{,}45\ € = 2{,}90\ €$
$7{,}00\ € + 2{,}90\ € = \underline{\underline{9{,}90\ €}}$

1. Teil – Aufgabe 5

Schätzwert für die Anzahl der Bücher pro Regalboden: 30 Bücher
Anzahl der Regalböden: 20
Anzahl der Bücher in allen 4 Regalen: $30 \cdot 20 = 600$

Martin hat **nicht** recht, denn die geschätzte Anzahl ist kleiner als 1 000.

Erklärung der Lösung:
Ermittle durch Zählen der Bücher auf einem Regalboden einen Schätzwert. Jeder Wert zwischen 25 und 35 Büchern ist als Schätzwert geeignet. Da jedes Regal 5 Regalböden hat, gibt es insgesamt 20 Regalböden ($4 \cdot 5 = 20$). Multipliziere den Schätzwert für die Anzahl der Bücher pro Regalboden mit der Anzahl der Regalböden, um die Gesamtzahl der Bücher in allen 4 Regalen zu erhalten. Vergleiche das Ergebnis mit der Behauptung von Martin.

1. Teil – Aufgabe 6

a) Die Fläche des Rechtecks ist **8** cm² groß.

Erklärung der Lösung:
Der Flächeninhalt eines Rechtecks ist das Produkt aus Länge und Breite.

$$A = a \cdot b$$
$$A = 4\text{ cm} \cdot 2\text{ cm}$$
$$\underline{\underline{A = 8\text{ cm}^2}}$$

b) Das Rechteck hat einen Umfang von **12** cm.

Erklärung der Lösung:
Umfang = Summe aller Seiten

$$u = 2 \cdot a + 2 \cdot b$$
$$u = 2 \cdot 4\text{ cm} + 2 \cdot 2\text{ cm}$$
$$\underline{\underline{u = 12\text{ cm}}}$$

1. Teil – Aufgabe 7

a) **A(–3 | 1)**

Erklärung der Lösung:
Die erste Koordinate eines Punktes ist der x-Wert, die 2. Koordinate ist der y-Wert.

b)

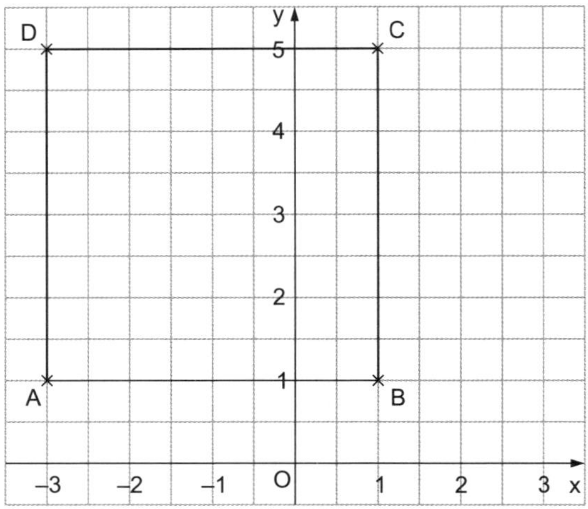

Erklärung der Lösung:
Ein Quadrat hat 4 gleich lange Seiten. Ermittle die Länge der Seite $\overline{AB}$ durch Auszählen im Koordinatensystem ($\overline{AB}$ = 4 cm).
Die Seiten des Quadrates stehen senkrecht aufeinander. Zähle von A und B aus 4 Einheiten nach oben. So erhältst du die Punkte C(1 | 5) bzw. D(–3 | 5).

1. Teil – Aufgabe 8

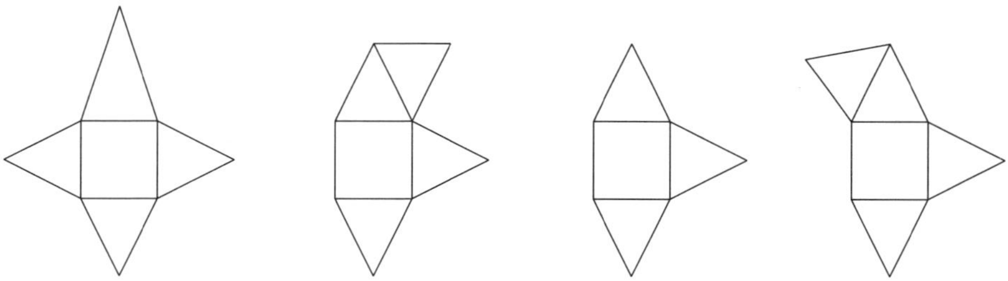

☐ ☐ ☐ ☒

Erklärung der Lösung:
Eine quadratische Pyramide besteht aus der Grundfläche – einem Quadrat – und 4 gleich großen Dreiecken als Begrenzungsflächen.
Netz 1 entfällt, da eine Dreiecksfläche zu groß ist.
Netz 3 entfällt, da nur 3 Dreiecke als Begrenzungsflächen vorhanden sind.
Netz 2 hat zwar 4 Dreiecke zur Begrenzung, aber die Anordnung stimmt nicht.
Nur Nummer 4 zeigt das Netz einer Pyramide.

Lösungs-Tipps zum 2. Teil

Die folgenden Tipps verraten dir schrittweise einen möglichen Lösungsweg. Lies also den zweiten Tipp erst, wenn du mit dem vorherigen nicht weitergekommen bist.

Tipps zu Aufgabe 9

- Suche aus dem Angebot die Einzelpreise heraus und addiere diese.
- Bestimme dann aus dem Gesamtwert die Liefergebühr für die Bestellung.

Tipps zu Aufgabe 10

a)

- Zeichne die Strecke $\overline{AC} = 7{,}5$ cm (lange Diagonale).
- Zeichne die Strecke $\overline{BD} = 6$ cm (kurze Diagonale) im Abstand von 2 cm zu Punkt C.
- Beachte dabei: Die Diagonalen stehen senkrecht aufeinander, die lange Diagonale halbiert die kurze Diagonale.
- Verbinde die Enden der Diagonalen zum Drachenviereck und beschrifte die Eckpunkte.
- Achte beim Zeichnen auf Genauigkeit.

b)

- Schreibe zuerst die Formel für den Flächeninhalt eines Drachenvierecks auf.
- Bestimme dann die Längen der Diagonalen $e = \overline{AC}$ und $f = \overline{BD}$.
- Vergiss die Maßeinheiten nicht.

Tipps zu Aufgabe 11

a)

- Fasse auf der rechten Seite der Gleichung alle Glieder ohne Variable zusammen.
- Ordne, indem du alle Glieder mit Variable nach links und alle Glieder ohne Variable nach rechts bringst.
- Isoliere die Variable.

b)

- Setze in den Term für x und y die gegebenen Zahlen ein und berechne dann.

Tipps zu Aufgabe 12

a)

Subtrahiere von 100 % die Prozentsätze, die für Möbel und für den Schulgarten ausgegeben werden.

b)

Berechne mit dem Dreisatz 45 % von 6 000 €.

c)

Überlege, welche Fläche die einzelnen Prozentsätze ungefähr in einem Kreisdiagramm einnehmen müssen.

Für neue Möbel werden 45 % des Geldes ausgegeben. Das ist fast die Hälfte. Damit entfallen die Diagramme B und C, da die schwarze Fläche mehr als die Hälfte einnimmt.

25 % des Geldes werden für Spielgeräte ausgegeben. Das ist ein Viertel des Geldes. Kreisdiagramm D entfällt also auch, da keine Fläche ein Viertel darstellt.

Tipps zu Aufgabe 13

a)

Die Volumenformel für den Zylinder lautet $V = \pi \cdot r^2 \cdot h_k$.

Gib das Volumen in Litern an $(1\,dm^3 = 1\,000\,cm^3; 1\,dm^3 \mathrel{\hat{=}} 1\,\ell)$.

b)

Überlege mithilfe der Volumenformel des Zylinders, welcher Zusammenhang zwischen Radius und Volumen besteht.

Beachte, dass der Radius quadratisch in die Rechnung eingeht.

Tipps zu Aufgabe 14

Überprüfe, ob der Satz des Pythagoras $c^2 = a^2 + b^2$ gilt.

c wäre dann die Hypotenuse, also die Seite, die dem rechten Winkel gegenüberliegt.

a und b wären die Katheten, also die Seiten, die den rechten Winkel einschließen.

Tipps zu Aufgabe 15

a)

1. Auf einem Feld von 10 gleich großen Feldern steht die Zahl 5.
2. Kleiner als 7 sind 1, 2, 3, 4, 5 und 6. Also sind 6 von 10 Zahlen kleiner als 7.

b)

Die Wahrscheinlichkeit für die Zahl 3 beträgt $\frac{1}{10}$.

Bei einem mehrstufigen Zufallsexperiment müssen die Wahrscheinlichkeiten multipliziert werden (Pfadregel).

Tipps zu Aufgabe 16

- Die Fläche des Netzes ist ein Rechteck.
- Stelle einen Bezug zur Größe des Mannes her, um Schätzwerte für die Länge und Breite des Rechtecks zu finden.
- Die Fläche eines Rechtecks berechnet sich mit der Formel $A = a \cdot b$.
- Runde das Ergebnis auf Quadratmeter.

Tipps zu Aufgabe W1

a)
- Die erste Koordinate eines Punktes ist der x-Wert, die 2. Koordinate ist der y-Wert.

b)
- Zeichne die Symmetrieachse in die gegebene Figur ein.
- Trage die Punkte P, Q, R und S in das Koordinatensystem ein und überprüfe, welcher Punkt auf der Symmetrieachse liegt.

c)
- Bestimme den Durchmesser des Halbkreises.
- Dividiere den Durchmesser durch 2, um den gesuchten Radius zu erhalten.

d)
- Die Formel für den Flächeninhalt eines Dreiecks lautet: $A = \frac{g \cdot h_g}{2}$
- Bestimme die notwendigen Längen aus dem Koordinatensystem.

e)
- Trage den Punkt B' in das Koordinatensystem ein.
- Verbinde B und B' zum Verschiebungspfeil $\overrightarrow{BB'}$.
- Verwende diesen Pfeil an Punkt C und finde so den Bildpunkt C'.

Tipps zu Aufgabe W2

a)
- Die gesamte Dachfläche besteht aus 4 gleichen Dreiecksflächen.
- Berechne die Fläche eines Dreiecks mit der Formel $A = \frac{g \cdot h_g}{2}$.

b)
1. Berechne die Länge einer Abdeckleiste mit dem Satz des Pythagoras.
   - Die Höhe teilt die Dreiecksfläche in zwei rechtwinklige Dreiecke.
   - Welche Seite liegt dem rechten Winkel gegenüber (Hypotenuse)?
   - Finde die Seiten, die den rechten Winkel einschließen (Katheten).
   - „Runde auf Zentimeter“ bedeutet „runde auf 2 Nachkommastellen“.

2. Ermittle die Länge von 4 Abdeckleisten.
   Berechne nun den Gesamtpreis.

Tipps zu Aufgabe W3

a)

Berechne für Angebot A die Zinsen für 1 Jahr.

Ermittle mit dem Dreisatz die Jahreszinsen für Angebot B.

Vergleiche die berechneten Jahreszinsen beider Angebote und formuliere einen Antwortsatz.

b)

Berechne die Höhe der Zinsen nach dem 1. Jahr mit dem Dreisatz.

Addiere die Zinsen zum Guthaben.

Berechne die Zinsen nach dem 2. Jahr ausgehend von dem neuen Guthaben.

Ermittle die Zinsen insgesamt nach 2 Jahren.

Tipps zu Aufgabe W4

a)

Bilde die Differenz aus den Höhen des Berliner Fernsehturms und des Kölner Doms.

b)

Bilde den Quotienten aus der Höhe des Turmschaftes und der Anzahl der Treppenstufen.

„Runde auf ganze Zentimeter“ bedeutet „runde auf 2 Nachkommastellen“.

c)

Berechne die gesuchte Zeit mit dem Dreisatz.

d)

Rechne schrittweise von Sekunden in Minuten und dann in Stunden um.

Beachte: 1 min = 60 s;   1 h = 60 min;   1 km = 1 000 m

Lösungen zum 2. Teil

2. Teil – Aufgabe 9

$2 \cdot 7,80 \text{ €} + 7,40 \text{ €} + 6,50 \text{ €} = 29,50 \text{ €}$
$29,50 \text{ €} + 3 \text{ €} = \underline{\underline{32,50 \text{ €}}}$

Familie Becker muss insgesamt 32,50 € bezahlen.

2. Teil – Aufgabe 10

a)

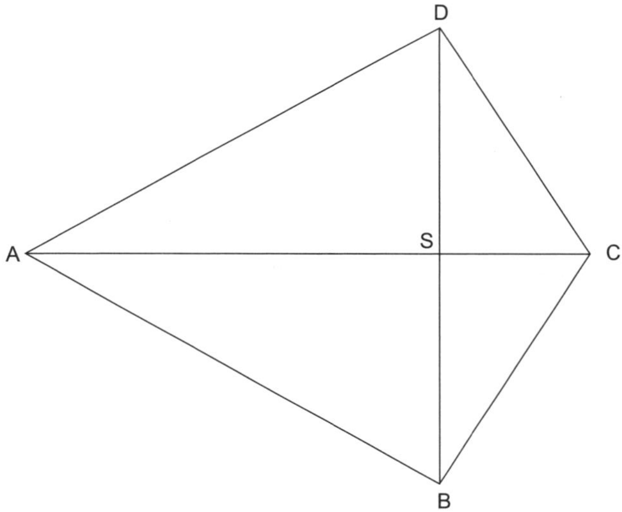

b) $A_{\text{Drachen}} = \frac{e \cdot f}{2}$

$e = \overline{AS} + \overline{SC}$
$e = 5,5 \text{ cm} + 2 \text{ cm}$
$e = 7,5 \text{ cm}$

$f = \overline{BS} + \overline{SD}$
$f = 3 \text{ cm} + 3 \text{ cm}$
$f = 6 \text{ cm}$

$A_{\text{Drachen}} = \frac{7,5 \text{ cm} \cdot 6 \text{ cm}}{2}$
$\underline{\underline{A_{\text{Drachen}} = 22,5 \text{ cm}^2}}$

Das Drachenviereck ABCD hat einen Flächeninhalt von 22,5 cm^2.

2. Teil – Aufgabe 11

a) $9x + 16 = 12 + 6x + 13 \quad |\text{zusammenfassen}$

$9x + 16 = 25 + 6x \quad |-6x$

$3x + 16 = 25 \quad |-16$

$3x = 9 \quad |:3$

$\underline{\underline{x = 3}}$

b) $x = 6$

$y = 12$

$\frac{x \cdot y}{2} = \frac{{}^{3}\not{6} \cdot 12}{\not{2}_{1}} = \underline{\underline{36}}$

2. Teil – Aufgabe 12

a) $100\,\% - 45\,\% - 30\,\% = \underline{\underline{25\,\%}}$

Für Spielgeräte werden 25 % des Geldes ausgegeben.

b) Dreisatz:

	Prozent	Geld	
: 100	100 %	6 000 €	: 100
	1 %	60 €	
· 45	45 %	$\underline{\underline{2\,700\text{ €}}}$	· 45

2 700 € werden für neue Möbel ausgegeben.

c) Kreisdiagramm **A** passt zu der Verteilung der Ausgaben.

2. Teil – Aufgabe 13

a) gegeben: Zylinder

$d = 112\text{ cm} \Rightarrow r = 56\text{ cm}$

$h_k = 50\text{ cm}$

gesucht: Volumen V in ℓ

Lösung: $V_{Zylinder} = \pi \cdot r^2 \cdot h_k$

$V_{Zylinder} = \pi \cdot (56\ cm)^2 \cdot 50\ cm$

$V_{Zylinder} = 492\,601{,}728 \ldots cm^3 \quad |:1\,000$

$V_{Zylinder} = 492{,}601 \ldots dm^3$

$\underline{\underline{V_{Zylinder} \approx 493\ \ell}}$

In dem Zylinder sind etwa 493 ℓ Wasser.

b) Elke hat **nicht** recht.

Begründung:
Wenn sich der Durchmesser verdoppelt, dann würde sich auch der Radius verdoppeln. Der Radius geht quadratisch in die Formel ein: $r^2 = 2^2 = 4$
Bei doppeltem Radius würde sich also das Volumen vervierfachen.

2. Teil – Aufgabe 14

Satz des Pythagoras:

$c^2 = a^2 + b^2$

$(6\ cm)^2 \overset{?}{=} (3{,}8\ cm)^2 + (4{,}5\ cm)^2$

$36\ cm^2 \overset{?}{=} 14{,}44\ cm^2 + 20{,}25\ cm^2$

$\underline{\underline{36\ cm^2 \neq 34{,}69\ cm^2}}$

Das Dreieck ist **nicht** rechtwinklig.

2. Teil – Aufgabe 15

a) 1. Wahrscheinlichkeit (5) $= \underline{\underline{\frac{1}{10} = 0{,}1 = 10\ \%}}$

2. Wahrscheinlichkeit (kleiner 7) $= \underline{\underline{\frac{6}{10} = 0{,}6 = 60\ \%}}$

b) Wahrscheinlichkeit (3; 3) $= \frac{1}{10} \cdot \frac{1}{10} = \underline{\underline{\frac{1}{100} = 0{,}01 = 1\ \%}}$

2. Teil – Aufgabe 16

gegeben: Annahmen: Größe des Mannes 1,75 m
Spannweite der Arme 1,70 m
Schätzwerte: Höhe des Netzes $b \approx 1{,}75\ \text{m} \cdot 5 = 8{,}75\ \text{m}$
Länge des Netzes $a \approx 1{,}70\ \text{m} \cdot 11 = 18{,}7\ \text{m}$

gesucht: Fläche A in m^2

Lösung: Es handelt sich um ein Rechteck:

$$A = a \cdot b$$
$$A = 18{,}7\ \text{m} \cdot 8{,}75\ \text{m}$$
$$A = 163{,}625\ \text{m}^2$$
$$\underline{\underline{A \approx 164\ \text{m}^2}}$$

Das Netz hat eine Fläche von ungefähr 164 m^2.

Hinweis:
Als geschätzte Höhe des Netzes wird jede Angabe zwischen 6 m und 11 m akzeptiert. Als geschätzte Länge des Netzes wird jede Angabe zwischen 12 m und 20 m akzeptiert (Orientierung an der Körpergröße des Mannes und der Spannweite der Arme). Beachte bei dieser Aufgabe, dass dein Ergebnis von dem gerechneten Beispiel abweichen kann, falls du andere Ausgangsmaße gewählt hast.

2. Teil – Aufgabe W1

a) **A(–1,5 | 2)**

b) Punkt **P(1 | 0,5)** liegt auf der Symmetrieachse.

c) $\overline{AC} = d = 5\ \text{cm}$

$$r = \frac{d}{2} \Rightarrow \underline{\underline{r = 2{,}5\ \text{cm}}}$$

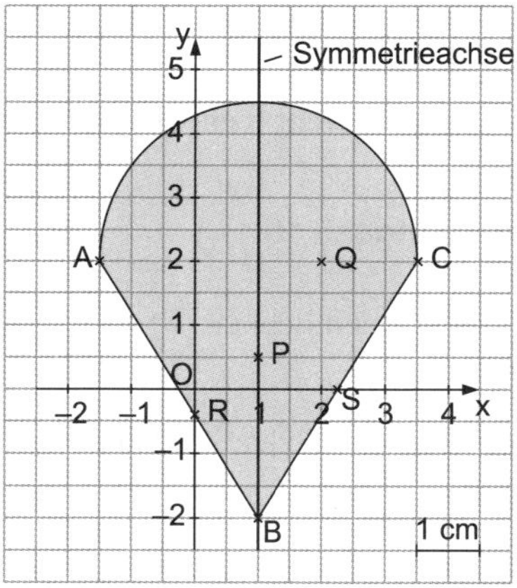

d) gegeben: $g = \overline{AC} = 5\text{ cm}$

$h_g = 4\text{ cm}$

gesucht: Flächeninhalt A

Lösung: $A_{Dreieck} = \frac{g \cdot h_g}{2}$

$A_{Dreieck} = \frac{5\text{ cm} \cdot 4\text{ cm}}{2}$

$\underline{\underline{A_{Dreieck} = 10\text{ cm}^2}}$

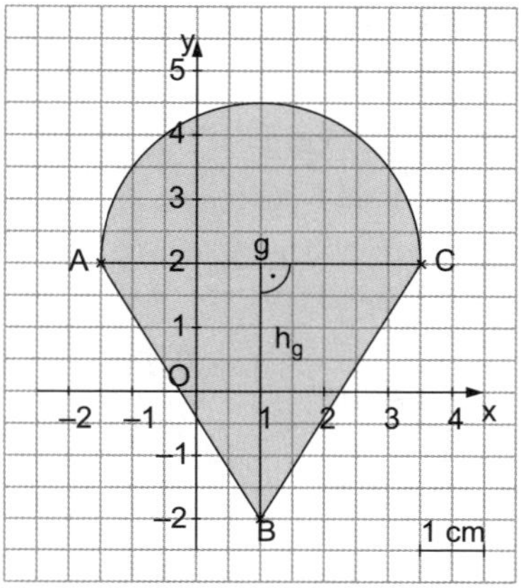

e)

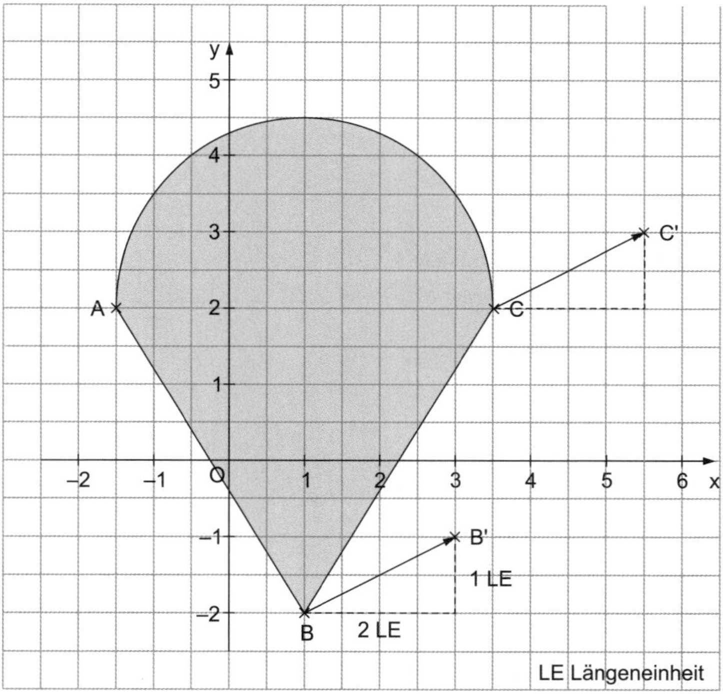

C' hat die Koordinaten **(5,5 | 3)**.

2. Teil – Aufgabe W2

a) gegeben: $g = 2 \cdot 0{,}55 \text{ m} = 1{,}1 \text{ m}$

$h = 0{,}75 \text{ m}$

gesucht: gesamte Dachfläche $A_{gesamt} = 4 \cdot A_{Dreieck}$

Lösung: $A_{Dreieck} = \frac{g \cdot h_g}{2}$

$A_{Dreieck} = \frac{1{,}1 \text{ m} \cdot 0{,}75 \text{ m}}{2}$

$\underline{\underline{A_{Dreieck} = 0{,}4125 \text{ m}^2}}$

$A_{Dachfläche} = 4 \cdot A_{Dreieck}$

$A_{Dachfläche} = 4 \cdot 0{,}4125 \text{ m}^2$

$\underline{\underline{A_{Dachfläche} = 1{,}65 \text{ m}^2}}$

Das Dach hat insgesamt eine Fläche von 1,65 m².

b) 1. gegeben: $h = 0{,}75 \text{ m}$

$\frac{g}{2} = 0{,}55 \text{ m}$

gesucht: Länge der Abdeckleiste s

Lösung: Satz des Pythagoras

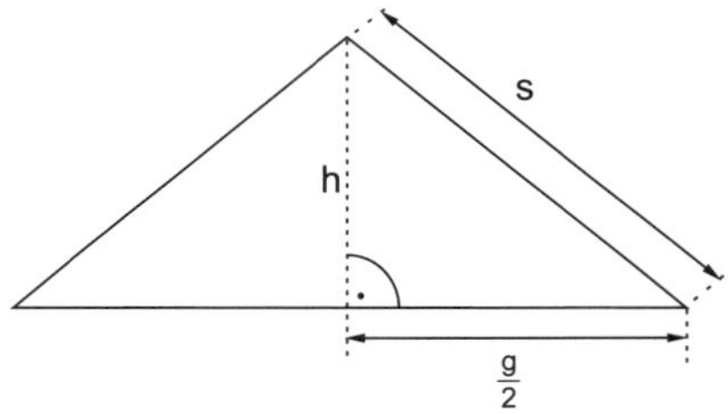

$c^2 = a^2 + b^2$

$s^2 = \left(\frac{g}{2}\right)^2 + h^2$

$s^2 = (0{,}55 \text{ m})^2 + (0{,}75 \text{ m})^2$

$s^2 = 0{,}865 \text{ m}^2 \qquad |\sqrt{\ }$

$s = 0{,}930\ldots \text{ m}$

$\underline{\underline{s \approx 0{,}93 \text{ m} = 93 \text{ cm}}}$

Eine Abdeckleiste hat eine Länge von 0,93 m.

2. Länge von 4 Abdeckleisten:

$4 \cdot 0{,}93 \text{ m} = \underline{\underline{3{,}72 \text{ m}}}$

Preis:

$3{,}72 \not{\text{m}} \cdot 4{,}50 \frac{€}{\not{\text{m}}} = \underline{\underline{16{,}74\ €}}$

4 Abdeckleisten kosten 16,74 €.

2. Teil – Aufgabe W3

a) Angebot A: Berechnung der Zinsen für 1 Jahr:
$12 \cdot 70\ € = \underline{\underline{840\ €}}$

Angebot B: Berechnung der Zinsen für 1 Jahr:
Dreisatz:

	Prozent	Geld	
: 100	100 %	8 000 €	: 100
	1 %	80 €	
· 11,2	11,2 %	$\underline{\underline{896\ €}}$	· 11,2

Bei Angebot A muss Stella weniger Zinsen bezahlen.

b) 1. Jahr:

	Prozent	Geld	
: 100	100 %	2 500 €	: 100
	1 %	25 €	
· 2	2 %	$\underline{\underline{50\ €}}$	· 2

Guthaben nach dem 1. Jahr:
$2\,500\ € + 50\ € = \underline{\underline{2\,550\ €}}$

2. Jahr:

	Prozent	Preis	
: 100	100 %	2 550 €	: 100
	1 %	25,50 €	
· 2	2 %	$\underline{\underline{51\ €}}$	· 2

Guthaben nach dem 2. Jahr:
$2\,550\ € + 51\ € = \underline{\underline{2\,601\ €}}$

Berechnung der Zinsen nach 2 Jahren:
$2\,601\ € - 2\,500\ € = \underline{\underline{101\ €}}$

oder:
$50\ € + 51\ € = \underline{\underline{101\ €}}$

Nach 2 Jahren erhält Ingo insgesamt 101 € Zinsen.

2. Teil – Aufgabe W4

a) Berechnung des Höhenunterschiedes:

$368\text{ m} - 157\text{ m} = \underline{\underline{211\text{ m}}}$

Der Berliner Fernsehturm ist um 211 m höher als der Kölner Dom.

b) $198\text{ m} : 986 = 0{,}2008\ldots\text{ m} \approx \underline{\underline{0{,}20\text{ m} = 20\text{ cm}}}$

Eine Treppenstufe hat eine Höhe von ungefähr 20 cm.

c) Dreisatz:

	Weg	Zeit	
: 6	6 m	1 s	: 6
· 198	1 m	$\frac{1}{6}$ s	· 198
	198 m	$\underline{\underline{33\text{ s}}}$	

oder:

$198\text{ m} : 6\,\frac{\text{m}}{\text{s}} = \underline{\underline{33\text{ s}}}$

Der Aufzug benötigt für die Fahrt im Turmschaft 33 s.

d)

$$\cdot 60 \left(\begin{array}{rcl} 1\text{ s} & \hat{=} & 6\text{ m} \\ 60\text{ s} & \hat{=} & 360\text{ m} \end{array} \right) \cdot 60$$

Da 60 s = 1 min folgt:

$$\cdot 60 \left(\begin{array}{rcl} 1\text{ min} & \hat{=} & 360\text{ m} \\ 60\text{ min} & \hat{=} & 21\,600\text{ m} \end{array} \right) \cdot 60$$

Da 60 min = 1 h folgt:

$1\text{ h} \;\hat{=}\; 21\,600\text{ m}$

Da 21 600 m = 21,6 km folgt:

$\underline{\underline{1\text{ h} \;\hat{=}\; 21{,}6\text{ km}}}$

Der Aufzug legt in einer Stunde 21,6 km zurück.

Abschlussprüfung an Hauptschulen in Hessen 2017
Mathematik

1. Teil (ohne Taschenrechner)

1. Teil – Aufgabe 1

a) $1\text{ h }7\text{ min} = \underline{\underline{67}}\text{ min}$

Erklärung der Lösung:
Rechne Stunden in Minuten um: $1\text{ h} = 60\text{ min}$

b) $250\ m\ell = \underline{\underline{0{,}25}}\ \ell$ oder: $250\ m\ell = \frac{1}{\underline{\underline{4}}}\ \ell$

Erklärung der Lösung:
Rechne Milliliter in Liter um: $1\,000\ m\ell = 1\ \ell$

c) $3\text{ km} - 850\text{ m} = \underline{\underline{2{,}15}}\text{ km}$

Erklärung der Lösung:
Rechne Meter in Kilometer um: $1\,000\text{ m} = 1\text{ km} \Rightarrow 850\text{ m} = 0{,}85\text{ km}$

$$\begin{array}{r} 3{,}00\text{ km} \\ -0{,}85\text{ km} \\ \scriptstyle 1\ 1\phantom{5\text{ km}} \\ \hline 2{,}15\text{ km} \end{array}$$

d) $1{,}59\ € + \underline{\underline{0{,}41}}\ € = 2{,}00\ €$

Erklärung der Lösung:
Überlege, wie viel auf 2 € noch fehlt. Du kannst dazu auch subtrahieren.

$$\begin{array}{r} 2{,}00\ € \\ -1{,}59\ € \\ \scriptstyle 1\ 1 \\ \hline 0{,}41\ € \end{array}$$

e) $1{,}2\text{ t} + 400\text{ kg} = \underline{\underline{1{,}6}}\text{ t}$

Erklärung der Lösung:
Rechne Kilogramm in Tonnen um: $1\,000\text{ kg} = 1\text{ t} \Rightarrow 400\text{ kg} = 0{,}4\text{ t}$

$$\begin{array}{r} 1{,}2\text{ t} \\ +0{,}4\text{ t} \\ \scriptstyle 1\phantom{,4\text{ t}} \\ \hline 1{,}6\text{ t} \end{array}$$

1. Teil – Aufgabe 2

Die Temperatur ist um 18 Grad gestiegen.

Erklärung der Lösung:
Ein kleiner Strich auf den Thermometern entspricht 1 °C.
Temperatur um 06:45 Uhr: –2 °C
Temperatur um 14:25 Uhr: 16 °C
Berechne die Differenz zwischen der späten und der frühen Temperatur:
$16-(-2)=16+2=18$

1. Teil – Aufgabe 3

Oma Christel muss 1,80 € bezahlen.

Erklärung der Lösung:
Bei der Aufgabe handelt es sich um eine proportionale Zuordnung. Diese lässt sich mit der Dreisatzrechnung lösen. Beachte dabei, dass die Einheiten gleich sein müssen: 1 kg = 1 000 g

	Masse	Preis	
	1 000 g	3,00 €	
: 10	100 g	0,30 €	: 10
· 6	600 g	1,80 €	· 6

1. Teil – Aufgabe 4

a) Es sind 10 % der Fläche grau eingefärbt.

Erklärung der Lösung:
Gesamtanzahl der Kästchen: 40
Anzahl der grauen Kästchen: 4
Setze die beiden Zahlen ins Verhältnis. Kürze bzw. erweitere den Bruch so, dass du in Prozent umwandeln kannst:
$\frac{4}{40}=\frac{1}{10}=\frac{10}{100}=0{,}1=10\,\%$

b) 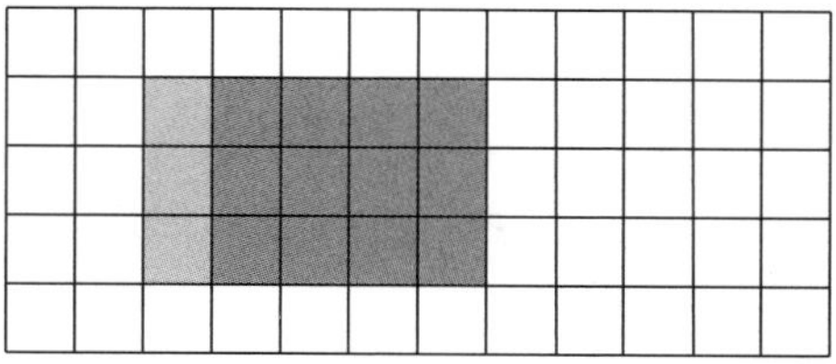

Erklärung der Lösung:
Überlege, wie viele Fünftel du für ein Ganzes benötigst.
Ein Fünftel hat genau 3 Kästchen. Wie viele Kästchen sind dann ein Ganzes?

$\frac{1}{5}$ entspricht 3 Kästchen $\Rightarrow$ $\frac{5}{5}$ entspricht $5 \cdot 3 = 15$ Kästchen

Ergänze die fehlenden 12 Kästchen.

1. Teil – Aufgabe 5

☐ 1 800 € ☐ 1 500 € ☐ 1 479 € ☒ 1 200 € ☐ 300 €

Erklärung der Lösung:
Runde sinnvoll: $1\,499 \approx 1\,500$
10 % von 1 500 € sind 150 €. 20 % sind dann 300 €.
1 500 € – 300 € = <u>1 200 €</u>

1. Teil – Aufgabe 6

a) Die Wahrscheinlichkeit, eine 10 zu würfeln, beträgt $\underline{\underline{\frac{1}{20}}}$.

Erklärung der Lösung:
Die Wahrscheinlichkeit berechnet sich, indem man die Anzahl der günstigen Ergebnisse (also die Anzahl der 10) durch die Gesamtanzahl der Zahlen auf dem Würfel dividiert.
Gesamtanzahl der Zahlen: 20
Anzahl der günstigen Ergebnisse: 1

b) Die Wahrscheinlichkeit, eine Zahl zu würfeln, die durch 3 teilbar ist, beträgt $\underline{\underline{\frac{6}{20} = \frac{3}{10} = 30\,\%}}$.

Erklärung der Lösung:
Eine Zahl ist durch 3 teilbar, wenn ihre Quersumme durch 3 teilbar ist.
Alternativ kannst du auch die 3er-Reihe im Kopf durchgehen.
Durch 3 teilbare Zahlen bis 20 sind: 3, 6, 9, 12, 15, 18

1. Teil – Aufgabe 7

Der Flächeninhalt der grauen Fläche beträgt $\underline{\underline{32}}$ cm².

Erklärung der Lösung:

$a_{groß} = 6$ cm
$A_{groß} = a^2$
$A_{groß} = (6 \text{ cm})^2$
$A_{groß} = 36 \text{ cm}^2$

$a_{klein} = 2$ cm
$A_{klein} = a^2$
$A_{klein} = (2 \text{ cm})^2$
$A_{klein} = 4 \text{ cm}^2$

$A_{Gesamt} = A_{groß} - A_{klein} = 36 \text{ cm}^2 - 4 \text{ cm}^2 = 32 \text{ cm}^2$

Alternativ kannst du den Flächeninhalt durch Abzählen der grauen Kästchen bestimmen. Beachte dabei, dass 4 Kästchen zusammen jeweils 1 cm² groß sind. Insgesamt sind 128 Kästchen grau markiert.
$128 : 4 = 32$

1. Teil – Aufgabe 8

a) Der Abstand des Punktes P zur Geraden g betragt $\underline{\underline{2,5}}$ cm.

Erklärung der Lösung:
Zeichne eine Hilfslinie durch den Punkt P, die rechtwinklig (im 90°-Winkel) zur Geraden g verläuft, sodass ein Schnittpunkt mit der Geraden g entsteht. Miss die Länge dieser Hilfslinie.

b)

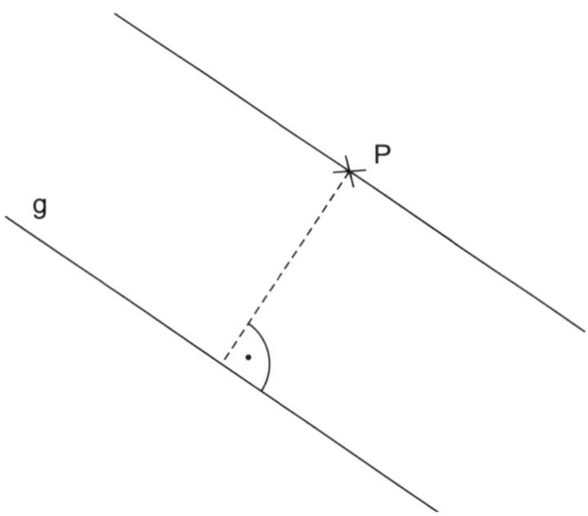

Erklärung der Lösung:
Eine Parallele hat immer den gleichen Abstand zur Geraden g (hier: 2,5 cm, siehe Teilaufgabe a). Mithilfe der parallelen Linien auf dem Geodreieck lässt sich die Parallele leicht zeichnen.

1. Teil – Aufgabe 9

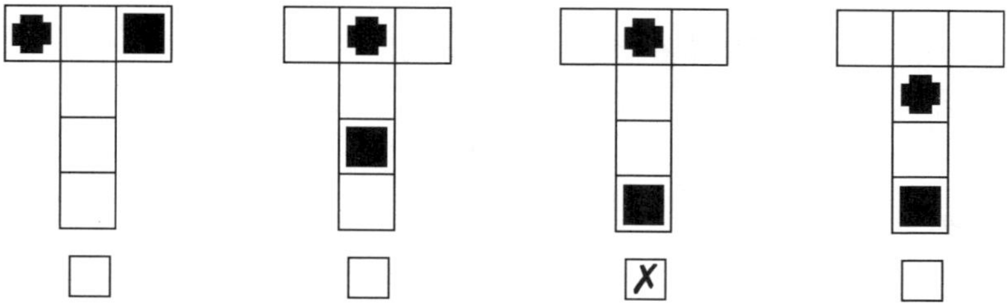

Erklärung der Lösung:
Auf dem abgebildeten Würfel ist zu sehen, dass das Quadrat und das Kreuz direkt nebeneinander liegen. Falte die Würfelnetze gedanklich zusammen. Bei welchem Netz ist dies ebenfalls der Fall?

Lösungs-Tipps zum 2. Teil

Die folgenden Tipps verraten dir schrittweise einen möglichen Lösungsweg. Lies also den zweiten Tipp erst, wenn du mit dem vorherigen nicht weitergekommen bist.

Tipps zu Aufgabe 10

a)

- Dividiere die Streckenlänge durch die Anzahl der Tage.

b)

- Du kannst die Aufgabe mit dem Dreisatz lösen.
- Alternativ kannst du die Formel zur Berechnung der Geschwindigkeit verwenden: $v = \frac{s}{t}$
- v steht dabei für die Geschwindigkeit, s für die zurückgelegte Strecke und t für die benötigte Zeit.
- Löse die Formel nach t auf: $t = \frac{s}{v}$

Tipps zu Aufgabe 11

- Zeichne zuerst die Seite a = 6,5 cm mit den Punkten A und B.
- Trage den Winkel β in B an. Achte dabei auf die richtige Skala am Geodreieck.
- Miss b = 3 cm auf dem freien Schenkel des Winkels ab. Du erhältst Punkt C.
- Zeichne eine Parallele zu a durch den Punkt C.
- Trage den Winkel α in A an. Achte dabei auf die richtige Skala am Geodreieck.
- Der Schnittpunkt des freien Schenkels und der gezeichneten Parallele ist Punkt D.
- Beschrifte die Eckpunkte.

Tipps zu Aufgabe 12

a)

- Der ursprüngliche Preis entspricht 100 %.
- Berechne mithilfe des Dreisatzes oder der Lösungsformel, wie groß der Rabatt in € ist.
- Subtrahiere den Rabatt vom ursprünglichen Preis.

b)

- Berechne den um 15 % reduzierten Preis und vergleiche mit dem angegebenen Preis.

Tipps zu Aufgabe 13

- Das Gewächshaus hat die Form eines fünfseitigen Prismas.
- Die Grundfläche (Vorderansicht) lässt sich in ein gleichschenkliges Dreieck und ein Rechteck unterteilen.
- Die Körperhöhe entspricht der Länge des Gewächshauses (Seitenansicht).

Tipps zu Aufgabe 14

a)

- Sortiere zunächst die Gleichung, sodass alle Glieder mit Variablen auf der linken und alle Glieder ohne Variable auf der rechten Seite stehen.
- Anschließend isoliere die Variable x, indem du durch den Faktor vor dem x dividierst.

b)

- Sortiere den Term. Achte darauf, dass die Vorzeichen immer zum jeweiligen Summanden gehören.
- Fasse jeweils alle Glieder mit y und alle Glieder ohne y zusammen.

Tipps zu Aufgabe 15

a)

- Alle Einkäufe zusammen ergeben 100 %.

b)

- Diese Aufgabe lässt sich mit dem Dreisatz oder mit der Lösungsformel lösen.
- 1 800 sind der Prozentwert.
- Der Prozentsatz kann aus dem Diagramm abgelesen werden.

c)

- 100 % entsprechen in einem Kreisdiagramm 360°.
- Überlege dir, wie viel Grad 58 % sein müssen.

Tipps zu Aufgabe 16

- Die geworfene Länge (Hypotenuse) lässt sich mit dem Satz des Pythagoras berechnen.
- Vergleiche das Ergebnis mit 60 m.

Tipps zu Aufgabe 17

- Schätze zunächst die Spanne zwischen deinen ausgestreckten Armen.
- Berechne mit dem entsprechenden Schätzwert den Umfang des Kreises.
- Berechne anschließend den Radius, indem du die Umfangsformel umstellst.

Tipps zu Aufgabe W1

a)

- Lies zuerst die x-Koordinate und dann die y-Koordinate ab.

b)

- Bestimme zunächst die Länge der Grundseite und der Höhe aus der Zeichnung.
- Der Flächeninhalt eines Parallelogramms berechnet sich als $A = g \cdot h$.

c)

- Achte beim Übertragen genau auf die Maße und beschrifte deine Zeichnung.

d)

1. Vergiss die neue Beschriftung nicht.
2. Überlege, wie bzw. ob sich die Länge der Grundseite g und die Höhe h bei der Verschiebung verändert haben.

Tipps zu Aufgabe W2

a)

- Überlege, wie die y-Achse unterteilt ist.

b)

- Ein Jahr hat 365 Tage.
- Berechne, wie viele Minuten ein Kind in einem Jahr vor dem Fernseher verbringt.
- Rechne die Minuten zuerst in Stunden und dann in Tage um.
- 1 h = 60 min und 1 Tag = 24 h

c)

- Berechne zuerst, um wie viel Minuten der Fernsehkonsum sinkt.
- Rechne dann mit dem Dreisatz oder mit der Lösungsformel.

Tipps zu Aufgabe W3

a)

- Diese Aufgabe lässt sich mit dem Dreisatz oder mit der Lösungsformel lösen.

b)

1. Dividiere die Anzahl der weißen Pralinen durch die Anzahl aller Pralinen.
2. Bestimme zunächst die Wahrscheinlichkeit dafür, dass im ersten Zug eine Kokospraline gezogen wird.

   Bestimme nun die Wahrscheinlichkeit dafür, dass im zweiten Zug eine Vollmilchpraline gezogen wird.

   Beachte, dass bereits eine Praline in der Schachtel fehlt.

   Multipliziere die beiden Wahrscheinlichkeiten (1. Pfadregel).

c)

Überlege, wie viele 15er-Packungen eine große 60er-Packung ergeben.

Tipps zu Aufgabe W4

a)

Finde zunächst mithilfe des Textes heraus, wie viel kg Abfall ein Einwohner Deutschlands im Jahr 2014 durchschnittlich produziert hat.

Suche ebenso heraus, wie viel kg Abfall im selben Jahr von einem Europäer durchschnittlich produziert wurde.

Berechne die Differenz der beiden Werte.

b)

Finde mithilfe des Textes heraus, wie viel Prozent auf Restmüll und wie viel Prozent auf getrennt gesammelten Abfall entfallen.

Die Menge aller drei Abfallsorten ergibt zusammen 100 %.

c)

Eine Person hat durchschnittlich 618 kg Abfall produziert.

1 000 kg entsprechen 1 Tonne (t).

d)

Diese Aufgabe lässt sich mit dem Dreisatz oder mit der Lösungsformel lösen.

e)

Finde mithilfe des Textes heraus, wie viele „Coffee-to-go"-Becher täglich verkauft werden.

Ein Jahr hat 365 Tage.

Lösungen zum 2. Teil

2. Teil – Aufgabe 10

a) $273 \text{ km} : 5 = \underline{\underline{54,6 \text{ km}}}$

An einem Tag müssen durchschnittlich 54,6 km zurückgelegt werden.

b)

	Strecke	Zeit	
	12 km	1 h	
: 12	1 km	0,083… h	: 12
· 42	42 km	$\underline{\underline{3,5 \text{ h}}}$	· 42

oder:

$t = \frac{s}{v}$

$t = \frac{42 \text{ km}}{12 \frac{\text{km}}{\text{h}}}$

$\underline{\underline{t = 3,5 \text{ h}}}$

Die Familie benötigt 3,5 Stunden.

2. Teil – Aufgabe 11

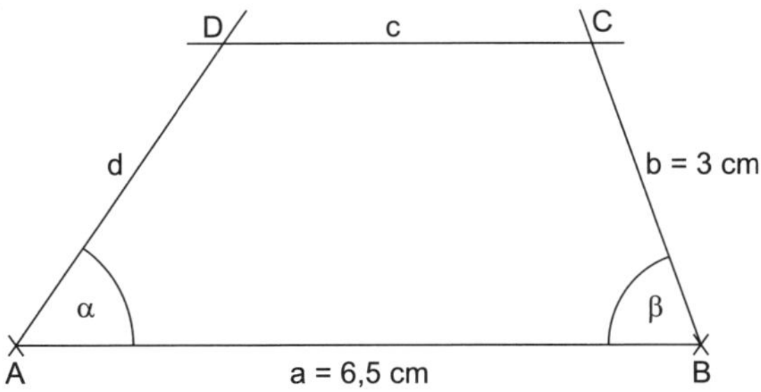

2. Teil – Aufgabe 12

a)

	Prozent	Preis	
: 100	100 %	120,00 €	: 100
	1 %	1,20 €	
· 15	15 %	18,00 €	· 15

oder:

$$W = G \cdot \frac{p}{100}$$

$$W = 120\,€ \cdot \frac{15}{100}$$

$$W = 18\,€$$

$$120\,€ - 18\,€ = \underline{\underline{102\,€}}$$

Der neue Preis beträgt 102 €.

b)

	Prozent	Preis	
: 100	100 %	70,00 €	: 100
	1 %	0,70 €	
· 15	15 %	10,50 €	· 15

oder:

$$W = G \cdot \frac{p}{100}$$

$$W = 70\,€ \cdot \frac{15}{100}$$

$$W = 10{,}50\,€$$

$$70\,€ - 10{,}50\,€ = \underline{\underline{59{,}50\,€}}$$

Nein, es sind keine 15 %, da David dann nur 59,50 € bezahlen müsste.

2. Teil – Aufgabe 13

gegeben: $h_{Dreieck} = 0{,}70\text{ m}$
$a = g_{Dreieck} = 2{,}20\text{ m}$
$b = 1{,}40\text{ m}$
$h_{Prisma} = 3{,}60\text{ m}$

gesucht: Volumen des Prismas

Lösung: Berechnung der Grundfläche G (Dreieck und Rechteck):

$$A_{Dreieck} = \frac{g_{Dreieck} \cdot h_{Dreieck}}{2}$$

$$A_{Dreieck} = \frac{2,20 \text{ m} \cdot 0,70 \text{ m}}{2}$$

$$A_{Dreieck} = 0,77 \text{ m}^2$$

$$A_{Rechteck} = a \cdot b$$

$$A_{Rechteck} = 2,20 \text{ m} \cdot 1,40 \text{ m}$$

$$A_{Rechteck} = 3,08 \text{ m}^2$$

$$G = 0,77 \text{ m}^2 + 3,08 \text{ m}^2$$

$$G = 3,85 \text{ m}^2$$

Berechnung des Volumens:

$$V = G \cdot h_{Prisma}$$

$$V = 3,85 \text{ m}^2 \cdot 3,60 \text{ m}$$

$$\underline{\underline{V = 13,86 \text{ m}^3}}$$

Das Volumen beträgt 13,86 m^3.

2. Teil – Aufgabe 14

a)
$$
\begin{aligned}
8x + 12 &= 6x + 20 &&|-6x \\
2x + 12 &= 20 &&|-12 \\
2x &= 8 &&|:2 \\
\underline{\underline{x}} &\underline{\underline{= 4}}
\end{aligned}
$$

b)
$$10y + 15 + 5y - 3 - 2y + 8 =$$
$$10y + 5y - 2y + 15 - 3 + 8 =$$
$$\underline{\underline{13y + 20}}$$

2. Teil – Aufgabe 15

a) $100\,\% - 58\,\% - 25\,\% - 3\,\% - 9\,\% = \underline{\underline{5\,\%}}$

5 % der Einkäufe wurden mit Kreditkarte bezahlt.

b)

	Prozent	Einkäufe	
: 9 (	9 %	1 800	) : 9
	1 %	200	
· 100 (	100 %	20 000	) · 100

oder:

$$G = \frac{W}{p} \cdot 100$$

$$G = \frac{1\,800}{9} \cdot 100$$

$$\underline{\underline{G = 20\,000}}$$

Es wurden 20 000 Einkäufe ausgewertet.

c) 100 % entsprechen 360°, dann müssen 58 % mehr als 180° sein (weil 50 % genau 180° entsprechen).

oder:

$58 \cdot 3{,}6° = 208{,}8°$

Kim hat $\underline{\underline{\text{nicht recht.}}}$

2. Teil – Aufgabe 16

gegeben: $a = 20$ m
$b = 60$ m

gesucht: c

Lösung: Satz des Pythagoras

$$c^2 = a^2 + b^2$$
$$c^2 = (60\text{ m})^2 + (20\text{ m})^2$$
$$c^2 = 4\,000\text{ m}^2 \quad |\sqrt{}$$
$$c = 63{,}245\ldots\text{ m}$$
$$c \approx 63\text{ m}$$

$$63\text{ m} - 60\text{ m} \approx \underline{\underline{3\text{ m}}}$$

Mario hat 3 m verschenkt.

2. Teil – Aufgabe 17

gegeben: Annahme: geschätzte Spanne zwischen den ausgestreckten Armen: 1,8 m
23 Schülerinnen und Schüler im Kreis

gesucht: r

Lösung: $u = 23 \cdot 1{,}8\ \text{m}$
$u = 41{,}4\ \text{m}$

$$
\begin{aligned}
u &= 2 \cdot \pi \cdot r \\
41{,}4\ \text{m} &= 2 \cdot \pi \cdot r \quad |:2 \\
20{,}7\ \text{m} &= \pi \cdot r \quad |:\pi \\
6{,}589\ldots &= r \\
\underline{\underline{6{,}6\ \text{m}}} &\underline{\underline{\approx r}}
\end{aligned}
$$

Der Radius beträgt etwa 6,6 m.

Hinweis:
Je nach geschätzter Spannweite der Arme erhältst du ein leicht verändertes Ergebnis.
Spannweiten von 1,4 m bis 2,0 m werden als richtig bewertet.

2. Teil – Aufgabe W1

a) $\underline{\underline{C(5 \mid 3{,}5)}}$

b) gegeben: $g = \overline{AB} = 3\ \text{cm}$
$h = 2\ \text{cm}$

gesucht: A

Lösung: $A = g \cdot h$
$A = 3\ \text{cm} \cdot 2\ \text{cm}$
$\underline{\underline{A = 6\ \text{cm}^2}}$

Das Parallelogramm hat einen Flächeninhalt von $6\ \text{cm}^2$.

c)
d) 1.

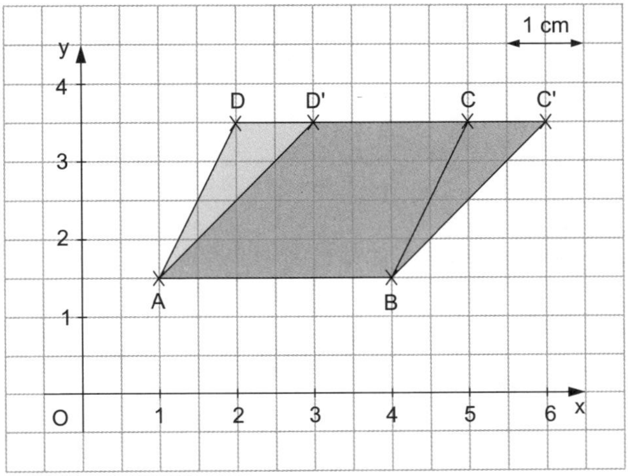

2. Die Grundseite und die Höhe sind bei beiden Figuren jeweils gleich lang, deshalb haben beide Parallelogramme den gleichen Flächeninhalt.

2. Teil – Aufgabe W2

a) Sie verbringen durchschnittlich 160 Minuten täglich vor dem Fernsehgerät.

b) $220\text{ min} \cdot 365 = 80\,300\text{ min}$

$(80\,300 : 60)\text{ h} = 1\,338{,}333\ldots\text{ h} \approx 1\,338\text{ h}$

$(1\,338 : 24)\text{ Tage} = 55{,}75\text{ Tage} \approx \underline{\underline{56\text{ Tage}}}$

Im Jahr verbringt ein 11- bis 14-jähriges Kind ca. 56 Tage vor dem Fernseher.

c) $220\text{ min} - 120\text{ min} = 100\text{ min}$

	Zeit	Prozent	
: 220	220 min	100 %	: 220
	1 min	0,454… %	
· 100	100 min	45,45… % ≈ 45 %	· 100

oder:

$$p\,\% = \frac{W}{G} \cdot 100\,\%$$

$$p\,\% = \frac{100}{220} \cdot 100\,\%$$

$$\underline{\underline{p\,\% \approx 45\,\%}}$$

Der Fernsehkonsum nimmt um 45 % ab.

2. Teil – Aufgabe W3

a)

	Pralinen	Prozent	
: 15 ↓	15	100 %	↓ : 15
· 3 ↓	1	6,666… %	↓ · 3
	3	$\underline{\underline{20\,\%}}$	

oder:

$$p\,\% = \frac{W}{G} \cdot 100\,\%$$

$$p\,\% = \frac{3}{15} \cdot 100\,\%$$

$$\underline{\underline{p\,\% = 20\,\%}}$$

20 % der Pralinen sind Kokospralinen.

b) 1. $\text{P(weiße Praline)} = \underline{\underline{\frac{5}{15} = \frac{1}{3}}}$

2. $\text{P(Kokospraline im ersten Zug)} = \frac{3}{15} = \frac{1}{5}$

$\text{P(Vollmilchpraline im zweiten Zug)} = \frac{7}{14} = \frac{1}{2}$

$\text{P(erst Kokos, dann Vollmilch)} = \frac{1}{5} \cdot \frac{1}{2} = \underline{\underline{\frac{1}{10}}}$

c) $60 : 15 = 4$

In der großen Packung sind 4-mal so viele Pralinen wie in der kleinen.

$4 \cdot 7 = \underline{\underline{28}}$

oder:

Der Anteil der Vollmilchpralinen beträgt $\frac{7}{15}$.

$60 \cdot \frac{7}{15} = \underline{\underline{28}}$

In einer Familienpackung sind 28 Vollmilchpralinen.

2. Teil – Aufgabe W4

a) $618\text{ kg} - 475\text{ kg} = \underline{\underline{143\text{ kg}}}$

Die Menge unterschied sich um 143 kg.

b) $100\,\% - 36\,\% - 58\,\% = \underline{\underline{6\,\%}}$

6 % des Abfalls waren Sperrmüll.

c) $730\,000 \cdot 618\text{ kg} = 451\,140\,000\text{ kg} = \underline{\underline{451\,140\text{ t}}}$

Sie haben etwa 451 140 t Abfall erzeugt.

d)

	Prozent	Müll	
: 100	100 %	618 kg	: 100
	1 %	6,18 kg	
· 36	36 %	$222{,}48 \approx \underline{\underline{222\text{ kg}}}$	· 36

oder:

$W = G \cdot \frac{p}{100}$

$W = 618\text{ kg} \cdot \frac{36}{100}$

$\underline{\underline{W \approx 222\text{ kg}}}$

Eine Person in Deutschland hat 2014 etwa 222 kg Restmüll produziert.

e) $7\,680\,000 \cdot 365 = 2\,803\,200\,000 \approx \underline{\underline{3\text{ Milliarden}}}$

Anna hat nicht recht. Es werden etwa 3 Milliarden Becher pro Jahr verkauft.

Hinweis:
Eine Überschlagsrechnung ist ebenfalls richtig.

Abschlussprüfung an Hauptschulen in Hessen 2018
Mathematik

1. Teil (ohne Taschenrechner)

1. Teil – Aufgabe 1

a) $48{,}6 + 13 = \underline{\underline{61{,}6}}$

Erklärung der Lösung:
Schreibe stellengerecht untereinander. Achte darauf, dass 13 auch als 13,0 geschrieben werden kann.

$$\begin{array}{r} 48{,}6 \\ +\,13{,}0 \\ {\scriptstyle 1} \\ \hline 61{,}6 \end{array}$$

b) $0{,}8 \cdot 60 = \underline{\underline{48}}$

Erklärung der Lösung:
Multipliziere zunächst, ohne das Komma zu beachten. Das Ergebnis hat so viele Stellen nach dem Komma, wie die beiden Faktoren zusammen nach dem Komma haben: $8 \cdot 60 = 480$

c) $500 - 238{,}5 = \underline{\underline{261{,}5}}$

Erklärung der Lösung:
Schreibe stellengerecht untereinander.

$$\begin{array}{r} 500{,}0 \\ -\,238{,}5 \\ {\scriptstyle 111} \\ \hline 261{,}5 \end{array}$$

d) $4 \cdot \underline{\underline{4{,}2}} = 16{,}8$

Erklärung der Lösung:
Überlege, welche Zahl du mit 4 multiplizieren musst, um 16,8 zu erhalten.
Du kannst dazu auch die Umkehraufgabe bilden.
$16{,}8 : 4 = ?$

1. Teil – Aufgabe 2

Der Kuchen muss noch 15 Minuten im Ofen bleiben.

Erklärung der Lösung:
Berechne zunächst, wie lange der Kuchen bereits im Ofen war. Überlege dazu erst, wie viele Minuten es von 14:25 Uhr noch bis zur nächsten vollen Stunde sind.
14:25 Uhr bis 15:00 Uhr: 35 Minuten
15:00 Uhr bis 15:05 Uhr: 5 Minuten
$35\ \text{min} + 5\ \text{min} = 40\ \text{min}$
Subtrahiere diese Zeit von der gesamten Backzeit: $55\ \text{min} - 40\ \text{min} = 15\ \text{min}$

1. Teil – Aufgabe 3

Christians Mehl reicht für 8 Waffeln.

Erklärung der Lösung:
Bei der Aufgabe handelt es sich um eine proportionale Zuordnung. Diese lässt sich mit der Dreisatzrechnung lösen.

	Gewicht	Anzahl Waffeln	
: 6	600 g	12	: 6
	100 g	2	
· 4	400 g	8	· 4

1. Teil – Aufgabe 4

a) Es sind $\frac{4}{9}$ aller Spielfiguren umgefallen.

Erklärung der Lösung:
Gesamtanzahl der Figuren: 9
Anzahl der umgefallenen Figuren: 4
Setze die beiden Zahlen ins Verhältnis.

b) Anzahl der Spielfiguren, die noch umfallen müssen: 2

Erklärung der Lösung:
Erweitere den Bruch $\frac{2}{3}$ auf Neuntel. Am Zähler kannst du dann ablesen, wie viele Figuren insgesamt umfallen müssen: $\frac{2}{3} = \frac{6}{9}$
Da bereits 4 Figuren umgefallen sind, müssen noch 2 weitere Figuren umfallen.

1. Teil – Aufgabe 5

a) Die Wahrscheinlichkeit beträgt $\underline{\underline{\frac{2}{10} = \frac{1}{5}}}$.

Erklärung der Lösung:
Die Wahrscheinlichkeit berechnet sich, indem man die Anzahl der günstigen Ergebnisse (also Anzahl der 1) durch die Gesamtanzahl der Felder dividiert.
Gesamtanzahl der Felder: 10
Anzahl der günstigen Ergebnisse: 2

b) Die Wahrscheinlichkeit beträgt $\underline{\underline{\frac{3}{10}}}$.

Erklärung der Lösung:
Gesamtanzahl der Felder: 10
Anzahl der günstigen Ergebnisse (graue 2): 3

c) Es müssten $\underline{\underline{8}}$ Felder grau sein.

Erklärung der Lösung:
$\frac{4}{5}$ bedeutet, dass 4 von 5 Feldern grau sind. Überlege, wie viele Felder grau sein müssen, wenn es 10 Felder gibt.

1. Teil – Aufgabe 6

a) Anton fährt insgesamt $\underline{\underline{65}}$ km.

Erklärung der Lösung:
Die zurückgelegte Entfernung kannst du am „Ende" des Graphen an der y-Achse ablesen.

b) Anton macht $\underline{\underline{10}}$ Minuten Pause.

Erklärung der Lösung:
Eine Pause wird im Weg-Zeit-Diagramm durch eine waagerechte Linie dargestellt. Anton macht von der 30. bis zur 40. Minute Pause.

c) Die Steigung des Graphen im zweiten Abschnitt (nach der Pause) ist größer als die Steigung im ersten Abschnitt (vor der Pause).

Erklärung der Lösung:
Im Diagramm ist dargestellt, nach wie vielen Minuten (x-Achse) er wie viele Kilometer (y-Achse) zurücklegt. Je steiler der Graph ist, desto schneller fährt Anton.

1. Teil – Aufgabe 7

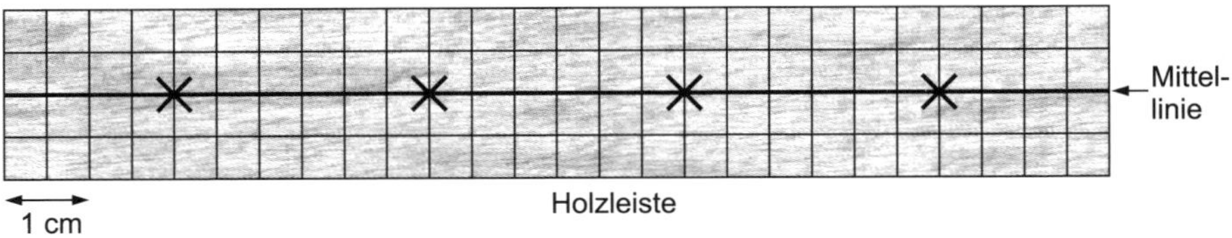

Erklärung der Lösung:
Das erste Bohrloch und das letzte Bohrloch liegen 2 cm (also 4 Kästchen) vom Rand entfernt. Zwischen beiden Bohrlöchern liegen dann noch 9 cm (also 18 Kästchen). Dividiere diese Angabe durch 3, um drei gleich große Abstände zu erhalten.

1. Teil – Aufgabe 8

a) Die Größe des Winkels β beträgt $\underline{\underline{31°}}$.

Erklärung der Lösung:
Lege die Mitte des Geodreiecks an den Punkt B, sodass die Zeichenkante an der Strecke BC liegt. Lies nun die Größe des Winkels β ab. Achte auf die richtige Skala!

b) Der Flächeninhalt des Dreiecks ABC beträgt $\underline{\underline{7{,}5}}\ \text{cm}^2$.

Erklärung der Lösung:

$$A_{\text{Dreieck}} = \frac{g \cdot h}{2}$$

In diesem rechtwinkligen Dreieck gilt:

$$A_{\text{Dreieck}} = \frac{\overline{AB} \cdot \overline{AC}}{2}$$

$$A_{\text{Dreieck}} = \frac{5 \cdot 3}{2} = 7{,}5$$

c)

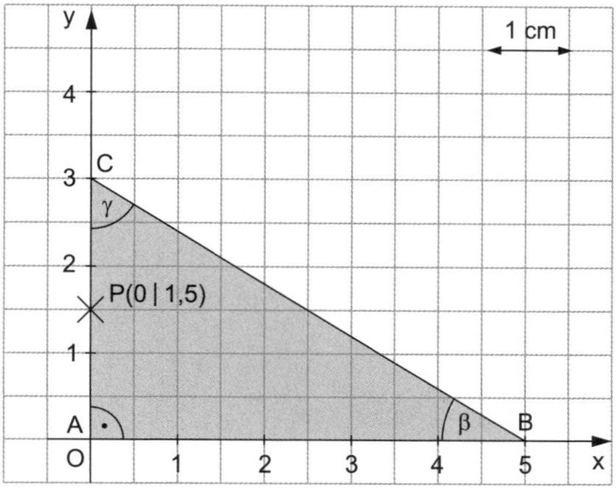

Erklärung der Lösung:
Ein Dreieck mit gleicher Grundseite und halber Höhe hat nur den halben Flächeninhalt wie das ursprüngliche Dreieck.
Es muss der Punkt P(0 | 1,5) markiert werden.

1. Teil – Aufgabe 9

Es werden 12 kleine Quader benötigt.

Erklärung der Lösung:
Man benötigt 6 kleine Quader, um die vordere Fläche zu füllen. Insgesamt passen 2 kleine Quader hintereinander in den großen Quader.
$6 \cdot 2 = 12$

Lösungs-Tipps zum 2. Teil

Die folgenden Tipps verraten dir schrittweise einen möglichen Lösungsweg. Lies also den zweiten Tipp erst, wenn du mit dem vorherigen nicht weitergekommen bist.

Tipps zu Aufgabe 10

a)

- Du kannst die Aufgabe mit dem Dreisatz lösen.

b)

- Du kannst die Aufgabe ebenfalls mit dem Dreisatz lösen.

Tipps zu Aufgabe 11

a)

- Zeichne zuerst die Seite a = 5 cm mit den Punkten B und C.
- Trage den Winkel γ an a in C an. Achte dabei auf die richtige Skala am Geodreieck!
- Miss b = 6,5 cm auf dem freien Schenkel des Winkels ab. Du erhältst Punkt A.
- Verbinde die Punkte A und B, um das Dreieck zu vervollständigen.

b)

- Zeichne zunächst die 3 Windräder als Punkte auf.
- Verbinde die Punkte W_1, W_2 und W_3 zu einem Dreieck und notiere die entsprechenden Entfernungen an den Seiten.
- Die Zeichnung muss nicht maßstabsgerecht sein.

Tipps zu Aufgabe 12

a)

- Der ursprüngliche Preis entspricht 100 %.
- Berechne mit dem Dreisatz oder mit der Lösungsformel, wie hoch die Mehrwertsteuer ist.
- Addiere die Mehrwertsteuer zum angegebenen Preis.

b)

- Schreibe den Bruch $\frac{1}{5}$ als Prozentzahl.
- Um einen Bruch in eine Prozentzahl umzuwandeln, musst du ihn auf Hundertstel erweitern.

Tipps zu Aufgabe 13

- Rechne mit der Formel für das Volumen eines Zylinders.
- Der Radius ist die Hälfte des Durchmessers.
- 1 Liter = 1 dm^3 = 1 000 cm^3
- Achte darauf, dass du beim Endergebnis auf ganze Liter runden sollst.

Tipps zu Aufgabe 14

a)

- Fasse auf der rechten Seite der Gleichung so weit wie möglich zusammen.
- Sortiere die Gleichung, sodass alle Teile mit der Variablen auf der linken und alle Teile ohne Variable auf der rechten Seite stehen.
- Isoliere anschließend die Variable x, indem du durch den Faktor vor dem x dividierst.

b)

- Eine Gleichung besteht aus zwei Termen, einer links und einer rechts vom Gleichheitszeichen.
- Den linken Term erhältst du mithilfe des ersten Satzteils (bis zum Komma), den rechten mithilfe des zweiten Satzteils.
- Bezeichne die unbekannte Zahl mit x.

Tipps zu Aufgabe 15

a)

- Addiere alle Beträge und dividiere diese Summe durch die Anzahl der Klassen.

b)

- Vergleiche die Gesamtgewinne der beiden Jahrgangsstufen.
- Ein Kreisdiagramm hat insgesamt 360°.

c)

- Berechne zunächst mithilfe des Durchschnitts, wie viel beide Klassen zusammen erzielt haben.
- Ziehe vom Gesamtgewinn den Betrag der Klasse 7a ab.

Tipps zu Aufgabe 16

- Der Radius ist die Hälfte des Durchmessers.
- Die Länge der Seite a (Hypotenuse) lässt sich mit dem Satz des Pythagoras berechnen.

Tipps zu Aufgabe 17

a)

Schätze zunächst die Kantenlänge des Würfels. Nutze als Hilfe die Längenmarkierung im Bild.

Berechne mit dem entsprechenden Schätzwert das Volumen des Würfels.

b)

Betrachte die Rundungen des Ballons. Welche passenden Körper fallen dir dabei ein?

Tipps zu Aufgabe W1

a)

Markiere und beschrifte zuerst die gegebenen Punkte auf deinem Reinschriftpapier.

Du kannst die Abstände dazwischen messen oder anhand der Kästchen abzählen.

Verbinde die Punkte und zeichne anschließend die Gerade ein.

b)

Lege das Geodreieck so an, dass die Null auf dem Punkt B liegt.

Die Zeichenkante des Geodreiecks muss dann an der Strecke BC liegen.

Achte auf die richtige Skala am Geodreieck.

c)

Der Flächeninhalt eines Trapezes berechnet sich mit $A = \frac{a+c}{2} \cdot h$, wobei a und c die beiden parallelen Seiten sind.

Entnimm die Maße der Zeichnung.

Es gilt: $a = 4$ cm, $c = 2$ cm, $h = 2$ cm.

d)

1. Lege das Geodreieck so an, dass die 90°-Linie auf der Geraden g liegt.

   Miss die Abstände der Punkte C und D zur Geraden g und zeichne C' und D' im gleichen Abstand auf die andere Seite der Geraden.

2. Überlege, wie groß die Winkelsumme in einem Viereck ist.

   Aus wie vielen Vierecken besteht das Vieleck AD'C'BCD?

Tipps zu Aufgabe W2

a)

Überlege dir, wie viel Einwohnern ein Teilstrich entspricht.

b)

Berechne zunächst, um wie viel Einwohner die Stadt Frankfurt gewachsen ist.

Du kannst die Aufgabe mit dem Dreisatz oder mit der Lösungsformel lösen.

Als Grundwert musst du die Bevölkerungszahl von 2013 verwenden.

c)

Du kannst diese Aufgabe mit dem Dreisatz lösen.

Alternativ kannst du sie auch mit der Lösungsformel lösen.

d)

Berechne, wie groß die Säule für 2016 sein müsste.

1 cm = 10 mm

Ein DIN-A4-Blatt ist ca. 21 cm breit und 30 cm hoch.

Tipps zu Aufgabe W3

a)

1. Dividiere die Anzahl der Tüten mit Badekugel durch die Anzahl aller Tüten (Gesamtanzahl).
2. Überlege, wie viele Tüten es gibt, in denen keine Lavendelseife ist.
3. Gib die 40 % als Bruch an.

   Bringe den Bruch auf den Nenner 15.

b)

Bestimme zunächst die Wahrscheinlichkeit dafür, dass im ersten Zug eine Duftkerze gezogen wird.

Bestimme nun die Wahrscheinlichkeit dafür, dass auch im zweiten Zug eine Duftkerze gezogen wird.

Beachte, dass bereits eine Tüte mit Duftkerze fehlt!

Multipliziere die beiden Wahrscheinlichkeiten (1. Pfadregel).

c)

Überlege, wie oft ein Gast „keine Duftkerze“ ziehen kann. Ab wann kann er nur noch „Duftkerze“ ziehen?

Tipps zu Aufgabe W4

a)

Berechne zunächst, wie viel Quadratmeter Wohnfläche auf die anderen 4 Räume entfallen.

Subtrahiere diese Summe von der Gesamtwohnfläche.

b)

- Der Flächeninhalt eines Rechtecks berechnet sich, indem man die Länge und die Breite multipliziert.
- Dividiere die Wohnfläche durch die Breite des Zimmers.

c)

- Berechne, wie hoch die Nebenkosten pro Monat sind, indem du den Quadratmeterpreis mit der Wohnfläche multiplizierst.
- Tim zahlt in 12 Monaten 540 € für die Garage. Wie viel zahlt er in einem Monat?
- Addiere Kaltmiete, Nebenkosten und den Monatspreis der Garage.

d)

- Diese Aufgabe lässt sich mit dem Dreisatz lösen.
- Alternativ kannst du auch die Lösungsformel verwenden.
- Der Grundwert ist gesucht.

Lösungen zum 2. Teil

2. Teil – Aufgabe 10

a)

	Wohnfläche	Mietpreis	
: 6	$60\ m^2$	450 €	: 6
	$10\ m^2$	75 €	
· 8	$80\ m^2$	600 €	· 8

Frau Grimm muss für ihre Wohnung 600 € Miete zahlen.

b)

	Mietpreis	Wohnfläche	
: 450	450 €	$60\ m^2$	: 450
	1 €	$0{,}133\ldots\ m^2$	
· 825	825 €	$110\ m^2$	· 825

Die Wohnung der Familie Rüdiger ist $110\ m^2$ groß.

2. Teil – Aufgabe 11

a)

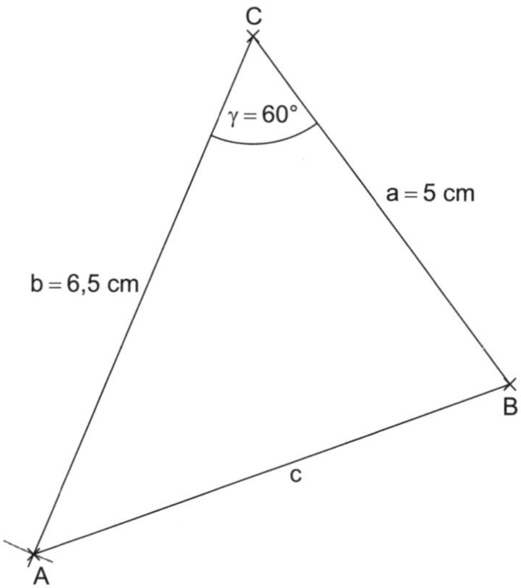

b)

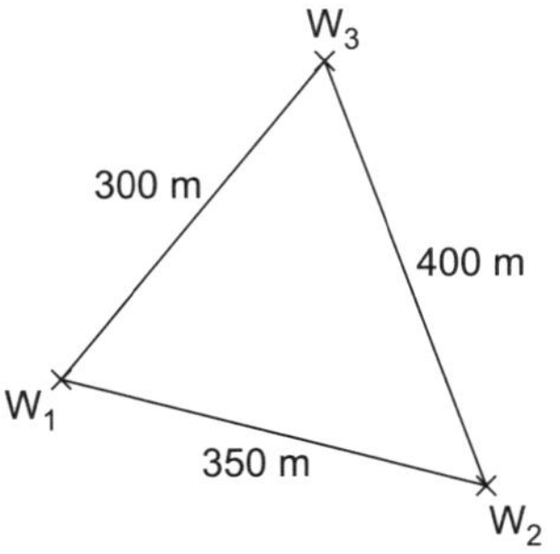

2. Teil – Aufgabe 12

a)

	Prozent	Preis	
: 100 ↓	100 %	1 450,00 €	↓ : 100
	1 %	14,50 €	
· 19 ↓	19 %	275,50 €	↓ · 19

$1\,450{,}00\ € + 275{,}50\ € = \underline{\underline{1\,725{,}50\ €}}$

oder (mit erweitertem Grundwert):
$1\,450{,}00\ € \cdot 1{,}19 = 1\,725{,}50\ €$

Der Gesamtpreis beträgt 1 725,50 €.

b) $\frac{1}{5} = \frac{20}{100} = 20\ \%$

Maria hat <u>recht</u>, da 19 % etwa ein Fünftel sind.

2. Teil – Aufgabe 13

gegeben: $d = 26\ \text{cm} \Rightarrow r = 13\ \text{cm}$
$h_k = 10\ \text{cm}$

gesucht: Volumen V des Zylinders

Lösung:
$V = \pi \cdot r^2 \cdot h_k$
$V = \pi \cdot (13\ \text{cm})^2 \cdot 10\ \text{cm}$
$V = 5\,309{,}291\ldots\ \text{cm}^3 \approx 5\ \text{dm}^3$
$\underline{\underline{V = 5\ \ell}}$

Das Volumen beträgt 5 Liter.

2. Teil – Aufgabe 14

a) $44x - 4 = 42x + 12 - 6x$

$44x - 4 = 36x + 12 \quad | -36x$

$8x - 4 = 12 \quad | +4$

$8x = 16 \quad | :8$

$\underline{\underline{x = 2}}$

b) $\underline{\underline{3x + 18 = 4x}}$

2. Teil – Aufgabe 15

a) Gesamtgewinn: 82 € + 229 € + 93 € + 265 € + 181 € = 850 €

850 € : 5 = $\underline{\underline{170\ €}}$

Der durchschnittliche Gewinn beträgt 170 €.

b) Jahrgang 8: 82 € + 229 € + 93 € = 404 €
Jahrgang 9: 265 € + 181 € = 446 €

Die Jahrgangsstufe 9 erzielte mehr Gewinn als die Jahrgangsstufe 8 und somit mehr als die Hälfte des Gesamtgewinns. Der Winkel im Kreisdiagramm muss also auch größer als die Hälfte des Kreises (360°) sein.

c) Gesamtgewinn der 7. Klassen: 198 € · 2 = 396 €
Gewinn der 7b: 396 € − 232 € = $\underline{\underline{164\ €}}$

Die Klasse 7b erzielte einen Gewinn von 164 €.

2. Teil – Aufgabe 16

gegeben: d = 40 cm ⇒ r = 20 cm
gesucht: Länge der Seite a
Lösung: Satz des Pythagoras

$a^2 = r^2 + r^2$

$a^2 = (20\text{ cm})^2 + (20\text{ cm})^2$

$a^2 = 800\text{ cm}^2 \quad | \sqrt{\ }$

$a = 28{,}284\ldots\text{ cm}$

$\underline{\underline{a \approx 28\text{ cm}}}$

Die Seite a beträgt etwa 28 cm.

2. Teil – Aufgabe 17

a) gegeben: Höhe Korb im Bild: $0{,}3\ \text{cm} \mathrel{\hat{=}} 1{,}10\ \text{m}$
geschätzte Höhe des Würfels im Bild: $3\ \text{cm} \mathrel{\hat{=}} 11\ \text{m}$

gesucht: Volumen V des Würfels

Lösung:
$$V = a^3$$
$$V = (11\ \text{m})^3$$
$$\underline{\underline{V = 1\,331\ \text{m}^3}}$$

Das Volumen beträgt etwa 1 331 m^3.

Hinweis:
Je nach geschätzter Kantenlänge bekommst du ein leicht verändertes Ergebnis. Kantenlängen von 9 m bis 13 m werden als richtig bewertet.

b) Eine <u>Kugel</u> passt besser zu den Rundungen des Ballons.

Hinweis:
Ebenso wäre ein Zylinder ein mögliches Modell. Am nächsten kommt dem Ballon allerdings ein zusammengesetzter Körper, der aus einem umgedrehten Kegel und einer Halbkugel besteht.

2. Teil – Aufgabe W1

a)

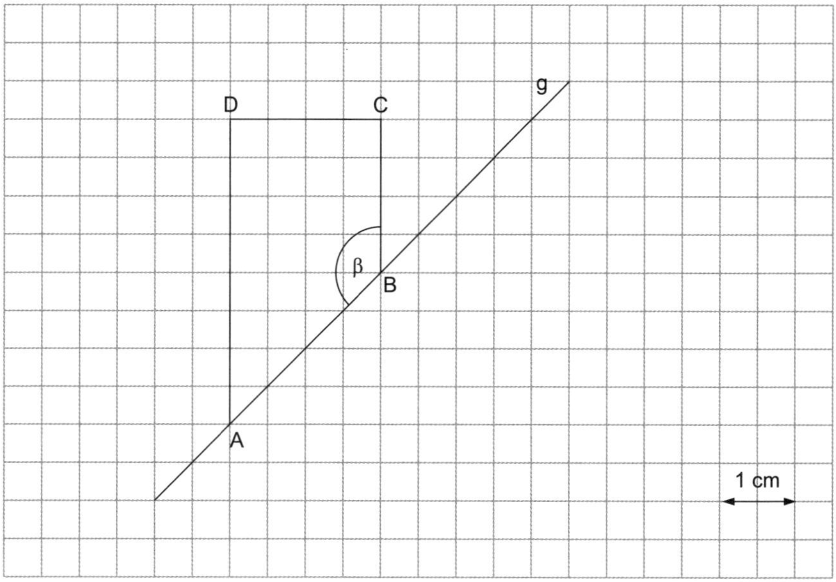

b) $\underline{\underline{\beta = 135°}}$

c) gegeben: $a = \overline{AD} = 4\text{ cm}$
$c = \overline{BC} = 2\text{ cm}$
$h = \overline{CD} = 2\text{ cm}$

gesucht: Fläche A des Trapezes

Lösung: $A = \frac{a+c}{2} \cdot h$

$A = \frac{4\text{ cm} + 2\text{ cm}}{2} \cdot 2\text{ cm}$

$\underline{\underline{A = 6\text{ cm}^2}}$

Die Fläche beträgt 6 cm^2.

d) 1.

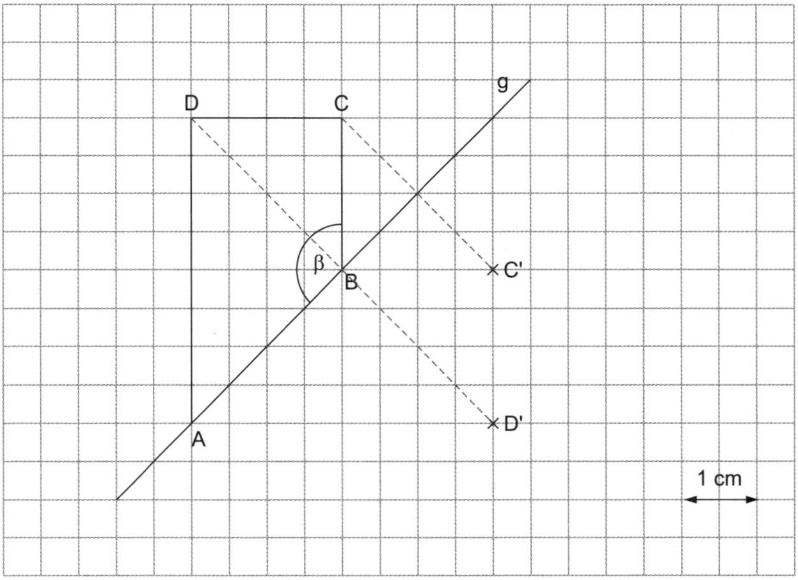

2. Paul hat <u>recht</u>, weil sich die Figur aus 2 Vierecken (Trapezen) zusammensetzt.
Daher beträgt die Winkelsumme $2 \cdot 360° = 720°$.

Hinweis:
Du kannst das Vieleck auch in vier Dreiecke (Winkelsumme 180°) unterteilen.

2. Teil – Aufgabe W2

a) Im Jahr 2011 hatte Frankfurt 668 000 Einwohner.

b) 708 000 − 694 000 = 14 000 Einwohner

	Einwohner	Prozent	
: 694	694 000	100 %	: 694
	1 000	0,144... %	
· 14	14 000	2,017... % ≈ 2 %	· 14

oder:

$$p\,\% = \frac{W}{G} \cdot 100\,\%$$

$$p\,\% = \frac{14\,000}{694\,000} \cdot 100\,\%$$

$$p\,\% = 2{,}017\ldots\,\% \approx 2\,\%$$

Die Bevölkerung ist um 2 % gewachsen.

c)

	Prozent	Einwohner	
: 100	100 %	724 000	: 100
	1 %	7 240	
· 16	16 %	115 840	· 16

oder:

$$W = G \cdot \frac{p}{100}$$

$$W = 724\,000 \cdot \frac{16}{100}$$

$$W = 115\,840$$

115 840 Personen waren 2015 jünger als 18 Jahre.

d)

	Einwohner	Länge	
$\cdot\, 729$ ↓	1 000	1 mm	↓ $\cdot\, 729$
	729 000	729 mm	

729 mm = 72,9 cm

Das Diagramm würde nicht auf ein DIN-A4-Blatt passen.

2. Teil – Aufgabe W3

a) 1. $P(\text{Badekugel}) = \frac{5}{15} = \frac{1}{3}$

2. $P(\text{keine Lavendelseife}) = \frac{9}{15} = \frac{3}{5}$

3. $40\,\% = 0{,}4 = \frac{4}{10} = \frac{2}{5} = \frac{6}{15}$

Die Lavendelseife ist in 6 der 15 Tüten, wird also mit einer Wahrscheinlichkeit von $\frac{6}{15} = 40\,\%$ gezogen.

b) $P(\text{Duftkerze im ersten Zug}) = \frac{4}{15}$

$P(\text{Duftkerze im zweiten Zug}) = \frac{3}{14}$

$P(\text{2-mal Duftkerze}) = \frac{4}{15} \cdot \frac{3}{14} = \frac{12}{210} = \frac{2}{35}$

c) Ein Gast muss 12 Tüten vom Tablett nehmen.

Nachdem 6 Lavendelseifen und 5 Badekugeln gezogen wurden, muss die 12. Tüte eine Duftkerze enthalten.

Hinweis:
Die Wahrscheinlichkeiten können als Bruch (auch gekürzt), als Dezimalbruch oder als Prozentzahl (auch gerundet) angegeben werden.

2. Teil – Aufgabe W4

a) Größe Schlafzimmer, Wohnzimmer, Küche, Bad:
$12\ m^2 + 20\ m^2 + 15\ m^2 + 6{,}5\ m^2 = 53{,}5\ m^2$

Größe Flur: $62\ m^2 - 53{,}5\ m^2 = \underline{\underline{8{,}5\ m^2}}$

Der Flur ist 8,5 m^2 groß.

b) gegeben: $A = 20\ m^2$
$b = 3{,}2\ m$

gesucht: Länge der Seite a

Lösung:

$$A = a \cdot b$$
$$20\ m^2 = a \cdot 3{,}2\ m$$
$$a = 20\ m^2 : 3{,}2\ m$$
$$\underline{\underline{a = 6{,}25\ m}}$$

Das Wohnzimmer ist 6,25 m lang.

c) Nebenkosten pro Monat: $1{,}30\ € \cdot 62 = 80{,}60\ €$
monatl. Kosten für Garage: $540\ € : 12 = 45\ €$

Gesamtkosten: $403\ € + 80{,}60\ € + 45\ € = \underline{\underline{528{,}60\ €}}$

Er muss insgesamt 528,60 € pro Monat bezahlen.

d)

	Prozent	Euro	
: 26	26 %	403 €	: 26
	1 %	15,50 €	
· 100	100 %	$\underline{\underline{1\,550\ €}}$	· 100

oder:

$$G = W \cdot \frac{100}{p}$$
$$G = 403\ € \cdot \frac{100}{26}$$
$$\underline{\underline{G = 1\,550\ €}}$$

Tims Gehalt beträgt 1 550 € pro Monat.

Abschlussprüfung an Hauptschulen in Hessen 2019
Mathematik

1. Teil (ohne Taschenrechner)

1. Teil – Aufgabe 1

a) $0,4+0,24=\underline{\underline{0,64}}$

Erklärung der Lösung:
Schreibe stellengerecht untereinander. Achte darauf, dass 0,4 auch als 0,40 geschrieben werden kann.

$$\begin{array}{r} 0,40 \\ +\,0,24 \\ \hline 0,64 \end{array}$$

b) $13-8,3=\underline{\underline{4,7}}$

Erklärung der Lösung:
Schreibe stellengerecht untereinander.

$$\begin{array}{r} 13,0 \\ -\;\;8,3 \\ {}_{1\,1} \\ \hline 4,7 \end{array}$$

c) $\frac{2}{3}\cdot\frac{1}{5}=\underline{\underline{\frac{2}{15}}}$

Erklärung der Lösung:
Multipliziere Zähler mit Zähler und Nenner mit Nenner.

$$\frac{2\cdot 1}{3\cdot 5}$$

d) $28,8:4=\underline{\underline{7,2}}$

Erklärung der Lösung:
Beim Überschreiten des Kommas muss im Endergebnis ein Komma gesetzt werden.

1. Teil – Aufgabe 2

a) Lars ist von Kassel nach Hamburg $\underline{\underline{270}}$ km gefahren.

Erklärung der Lösung:
Berechne den Unterschied zwischen den beiden Kilometerständen, indem du den niedrigeren Kilometerstand (Kassel) vom höheren Kilometerstand (Hamburg) abziehst (subtrahierst).

$$\begin{array}{r} 2\,750 \\ -\,2\,480 \\ {\scriptstyle 1} \\ \hline 270 \end{array}$$

Anmerkung: Laut Routenplaner beträgt die kürzeste Entfernung von Kassel nach Hamburg etwa 311 km. Die Luftlinie beträgt ca. 250 km.

b) Lars hat $\underline{\underline{3}}$ Stunden und $\underline{\underline{40}}$ Minuten benötigt.

Erklärung der Lösung:
Überlege zuerst, wie viele Minuten es von 10:20 Uhr bis zur nächsten vollen Stunde (11:00 Uhr) sind.
Überlege dann, wie viele Stunden von 11:00 Uhr bis 14:00 Uhr vergehen.
10:20 Uhr bis 11:00 Uhr: 40 Minuten
11:00 Uhr bis 14:00 Uhr: 3 Stunden

1. Teil – Aufgabe 3

Familie Krug muss insgesamt $\underline{\underline{44{,}50\,€}}$ bezahlen.

Erklärung der Lösung:
Berechne zunächst den Preis für 3 Kinder und anschließend den Preis für 2 Erwachsene. Addiere dann die Beträge.

$$\begin{array}{lr} \text{3 Kinder:} & 7{,}50\,€ \cdot 3 = 22{,}50\,€ \\ \text{2 Erwachsene:} & 11{,}00\,€ \cdot 2 = 22{,}00\,€ \\ \hline & 44{,}50\,€ \end{array}$$

1. Teil – Aufgabe 4

$\alpha = \underline{\underline{75°}}$

$\beta = \underline{\underline{105°}}$

Erklärung der Lösung:
Die Summe aller Winkel in einem Dreieck beträgt 180°.
Um den Winkel α zu berechnen, ziehe 65° und 40° von 180° ab.
$\alpha = 180° - 65° - 40° = 75°$
Alle Nebenwinkel bilden zusammen 180°. Der Winkel β und der Winkel α müssen demnach zusammen ebenfalls 180° ergeben.
$\beta + \alpha = 180°$, also: $\beta = 180° - \alpha = 180° - 75° = 105°$

1. Teil – Aufgabe 5

Länge a in cm	10	4	**8**
Breite b in cm	2	**5**	2,5

Erklärung der Lösung:
Der Flächeninhalt eines Rechtecks wird berechnet, indem man die Länge mit der Breite multipliziert. Überlege, welche Zahl du mit 4 (oder 2,5) multiplizieren musst, um 20 zu erhalten. Du kannst daraus auch die Umkehraufgaben stellen:
$20 : 4 = ?$
$20 : 2{,}5 = 200 : 25 = ?$

1. Teil – Aufgabe 6

a) Mögliche Lösung:

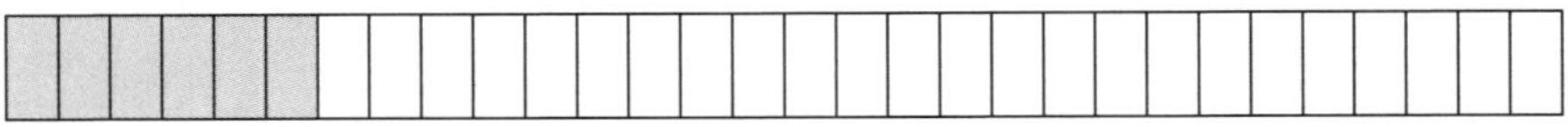

Erklärung der Lösung:
Zähle zunächst die Anzahl der Kästchen.
Berechne, wie viel 20 % von 30 Kästchen sind.

	Prozent	Anzahl Kästchen	
: 10 ↓	100 %	30	↓ : 10
	10 %	3	
· 2 ↓	20 %	6	↓ · 2

Es müssen 6 Kästchen eingefärbt werden. Dabei ist es egal, welche du wählst.

b) Der gesamte Streifen ist $\underline{\underline{35}}\,cm^2$ groß.

Erklärung der Lösung:
2 Kästchen entsprechen $14\ cm^2$. Überlege, welche Fläche ein Kästchen haben muss.
1 Kästchen: $14\ cm^2 : 2 = 7\ cm^2$
5 Kästchen: $7\ cm^2 \cdot 5 = 35\ cm^2$

1. Teil – Aufgabe 7

☒ Spiel A ☐ Spiel B

Begründung:

Gesamtzahl der Würfelseiten:	6	Gesamtzahl der Kugeln:	10
Anzahl der günstigen Ergebnisse:	3	Anzahl der günstigen Ergebnisse:	4

Gewinnwahrscheinlichkeit Spiel A: $\frac{3}{6} = \frac{1}{2}$

Gewinnwahrscheinlichkeit Spiel B: $\frac{4}{10} = \frac{2}{5}$

$\frac{1}{2} = \frac{5}{10} > \frac{4}{10}$

Spiel A > Spiel B

Erklärung der Lösung:
Die Wahrscheinlichkeit berechnet man, indem man die Anzahl der günstigen Ergebnisse (also die Anzahl der geraden Zahlen auf einem Würfel bzw. die Anzahl der blauen Kugeln) durch die Gesamtanzahl der möglichen Würfelseiten bzw. der Kugeln dividiert. Vergleiche dann die beiden Gewinnwahrscheinlichkeiten, indem du sie auf den gleichen Nenner bringst.

1. Teil – Aufgabe 8

Der Flächeninhalt der grauen Fläche beträgt $\underline{\underline{13}}$ cm².

Erklärung der Lösung:
Unterteile die Figur in verschiedene Rechtecke und berechne deren Flächeninhalt. Beachte, dass 2 Kästchen immer 1 cm entsprechen.

Mögliche Unterteilung:

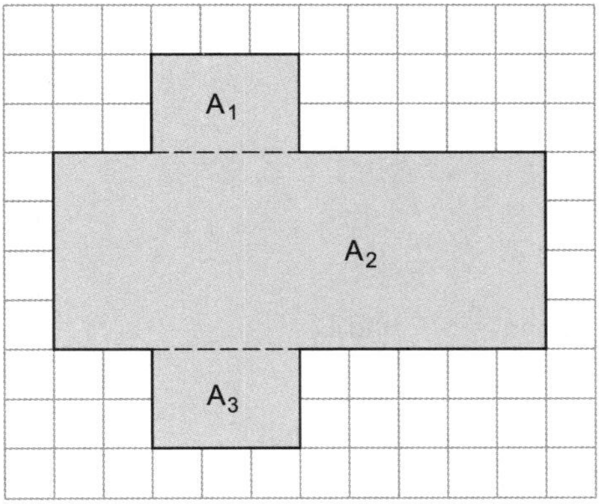

$A_1 = A_3 = 1{,}5\text{ cm} \cdot 1\text{ cm} = 1{,}5\text{ cm}^2$
$A_2 = 5\text{ cm} \cdot 2\text{ cm} = 10\text{ cm}^2$

$A_1 + A_2 + A_3 =$
$1{,}5\text{ cm}^2 + 10\text{ cm}^2 + 1{,}5\text{ cm}^2 = 13\text{ cm}^2$

1. Teil – Aufgabe 9

a) Der abgebildete Körper hat $\underline{\underline{10}}$ Ecken.

b) Der abgebildete Körper hat $\underline{\underline{15}}$ Kanten.

Erklärung der Lösung:
Zähle die Ecken bzw. Kanten (= schwarze Linien). Als Hilfe kannst du bereits gezählte Ecken bzw. Kanten mit einem Bleistift markieren.

Lösungs-Tipps zum 2. Teil

Die folgenden Tipps verraten dir schrittweise einen möglichen Lösungsweg. Lies also den zweiten Tipp erst, wenn du mit dem vorherigen nicht weitergekommen bist.

Tipps zu Aufgabe 10

a)

- Du kannst die Aufgabe mit dem Dreisatz lösen.

b)

- Du kannst die Aufgabe ebenfalls mit dem Dreisatz lösen.

Tipps zu Aufgabe 11

a)

- Zeichne zuerst die Seite $c = 7$ cm mit den Endpunkten A und B.
- Markiere den Mittelpunkt M_c der Seite c.
- Zeichne die Höhe $h_c = 5{,}5$ cm in M_c. Am Ende von h_c ist der Punkt C.
- Verbinde die Punkte A und C sowie B und C, um das Dreieck zu vervollständigen.

b)

- In einem gleichseitigen Dreieck sind alle Winkel gleich groß.
- Die Innenwinkelsumme in jedem Dreieck beträgt 180°.

Tipps zu Aufgabe 12

- Berechne mithilfe der Flächeninhaltsformel den Flächeninhalt des gesamten Kreises: $A_{Kreis} = \pi \cdot r^2$
- Der ganze Kreis besteht aus 3 Kreisausschnitten. Wie groß ist der Flächeninhalt von 2 Kreisausschnitten? Du kannst die Aufgabe mit dem Dreisatz lösen.

Tipps zu Aufgabe 13

a)

- Zu Beginn beträgt der Wert des Autos 100 % des Neupreises.
- Nach wie vielen Jahren ist das Auto nur noch halb so viel (50 %) wert?
- Lies in der Grafik ab.

b)

- Lies in der Grafik ab, wie viel Prozent des Neupreises das Auto nach 7 Jahren noch wert ist.
- Dann kannst du die Aufgabe mit dem Dreisatz oder mit der Lösungsformel lösen.

c)

- Lies zunächst in der Grafik ab, wie viel Prozent des Neupreises das Auto nach 6 Jahren noch wert ist.
- Dann kannst du die Aufgabe mit dem Dreisatz oder mit der Lösungsformel lösen.

Tipps zu Aufgabe 14

- Der Radius ist die Hälfte des Durchmessers.
- Berechne erst das Volumen der Kugel.
- Das Gewicht der Kugel (Masse) erhältst du, indem du das Volumen mit dem Gewicht pro Kubikzentimeter (Dichte) multiplizierst.
- Vergiss nicht, das Endergebnis in Kilogramm anzugeben ($1\text{ kg} = 1\,000\text{ g}$).

Tipps zu Aufgabe 15

a)

- Fasse auf der rechten Seite der Gleichung so weit wie möglich zusammen.
- Sortiere zunächst die Gleichung, sodass alle Teile mit der Variablen auf der linken und alle Teile ohne Variable auf der rechten Seite stehen.
- Anschließend isoliere die Variable x, indem du durch den Faktor vor dem x dividierst.

b)

- Stelle zunächst eine Gleichung auf, indem du alle Längen der Teilstrecken (inklusive der x) addierst.
- Löse anschließend die Gleichung nach x auf, um die Lösung zu erhalten.

Tipps zu Aufgabe 16

- In der Darstellung erkennst du ein rechtwinkliges Dreieck.
- Die Länge der gestrichelten Linie (Hypotenuse) lässt sich mit dem Satz des Pythagoras berechnen.
- Vergleiche die Länge der gestrichelten Linie mit den Maßen des quadratischen Spiegels.

Tipps zu Aufgabe 17

- Schätze zunächst die Länge und die Breite von Leons Laufschuhen.
- Schätze mithilfe der Laufschuhmaße Länge, Breite und Höhe des quaderförmigen Behälters.
- Berechne mit den entsprechenden Schätzwerten das Volumen des Quaders.
- Rechne anschließend in Liter um: $1\ \ell = 1\text{ dm}^3 = 1\,000\text{ cm}^3$

Tipps zu Aufgabe W1

a)

- Beachte, dass zuerst die x-Koordinate und anschließend die y-Koordinate angegeben wird.

b)

- Bei einem Parallelogramm sind die gegenüberliegenden Seiten gleich lang und parallel.
- Um das Parallelogramm leichter zu finden, kannst du die Punkte A, B und E verbinden.
- Es gibt zwei Möglichkeiten.

c)

- Der Flächeninhalt eines Trapezes berechnet sich mit $A = \frac{a+c}{2} \cdot h$, wobei a und c die beiden parallelen Seiten sind.
- Da d bereits senkrecht auf der Seite a steht, gilt: $d = h$.
- Bestimme die benötigten Längen durch Ablesen bzw. Abzählen (2 Kästchen = 1 cm).

d)

- Der Flächeninhalt eines Dreiecks berechnet sich mit $A = \frac{g \cdot h}{2}$, wobei g die Länge der Grundseite und h die Höhe des Dreiecks ist.
- Vergleiche die Längen der Grundseiten und die Höhen der beiden Dreiecke. Was stellst du fest?

Tipps zu Aufgabe W2

a)

- Rechne 1 Stunde in Minuten oder 90 Minuten in Stunden um.
- Die weitere Aufgabe kannst du mit dem Dreisatz lösen.

b)

- Berechne, wie viele Minuten ein Tag hat.
- Dividiere diese Minuten durch die Zeit, die die Raumstation für eine Erdumrundung benötigt.

c)

- 1 h = 3 600 s
- Du kannst diese Aufgabe mit dem Dreisatz lösen.

d)

- Lies die Aufgabenstellung noch einmal genau und entnimm dort die benötigte Kilometerzahl.
- Schreibe 252 Millionen in Ziffern.

- 1 Million = 1 000 000
- Du kannst die Kilometer auch berechnen.
- Die Raumstation umkreist die Erde 24 Stunden am Tag. Ein Jahr hat 365 Tage.

Tipps zu Aufgabe W3

a)
- Die Wahrscheinlichkeit bestimmt man, indem man die Anzahl der günstigen Ergebnisse durch die Anzahl aller möglichen Ergebnisse dividiert.

b)
- Bestimme zunächst die Wahrscheinlichkeit dafür, dass als erstes Lied „Let the Sun Shine“ gespielt wird.
- Bestimme nun die Wahrscheinlichkeit dafür, dass im zweiten Zug „In the Jungle“ gespielt wird.
- Beachte, dass bereits ein Lied gespielt wurde und dieses nicht noch einmal wiederholt werden kann.
- Multipliziere die beiden Wahrscheinlichkeiten (1. Pfadregel).

c)
- Notiere zunächst alle Möglichkeiten, bei denen Nr. 1 zuerst gespielt wird.
- Anschließend notierst du alle Möglichkeiten, bei denen Nr. 3 zuerst gespielt wird.
- Zum Schluss schreibst du alle Möglichkeiten auf, bei denen Nr. 7 zuerst gespielt wird.

d)
- Überlege, wie groß die Wahrscheinlichkeit jeweils für Saras bzw. Lenas Playlist ist, dass das Lied „Wonderful World“ zuerst gespielt wird.
- Vergleiche beide Wahrscheinlichkeiten.

Tipps zu Aufgabe W4

a)
- Den Umfang erhältst du, indem du alle fünf Seitenlängen addierst.
- Bei einem gleichschenkligen Dreieck gibt es zwei gleich lange Seiten.
- Stelle mit den Variablen x, y und z einen Term auf und fasse zusammen.

b)
- Setze in der Formel für jedes x die Länge 8 cm und für jedes y die Länge 3 cm ein.

c)
- Zeichne ein gleichschenkliges Dreieck, bei dem die Basis $x = 8$ cm und die Schenkel jeweils $z = 2$ cm lang sind. Zu welchem Ergebnis kommst du?

Lösungen zum 2. Teil

2. Teil – Aufgabe 10

a)

	Stunden	Lohn	
: 45	45	414,00 €	: 45
· 55	1	9,20 €	· 55
	55	506,00 €	

Im März hat Ina 506 € verdient.

b)

	Lohn	Stunden	
: 414	414,00 €	45	: 414
· 386,40	1 €	0,108…	· 386,40
	386,40 €	42	

Im April hat Ina 42 Stunden gearbeitet.

2. Teil – Aufgabe 11

a)

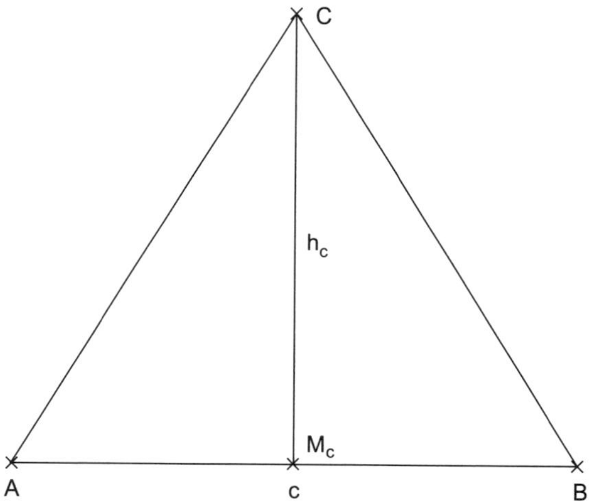

b) In einem gleichseitigen Dreieck sind alle drei Innenwinkel 60° groß.

2. Teil – Aufgabe 12

$A_{Kreis} = \pi \cdot r^2$
$A_{Kreis} = \pi \cdot (2{,}5\ \text{cm})^2$
$A_{Kreis} = 19{,}634\ldots\ \text{cm}^2$

	Anzahl Kreisausschnitte	Flächeninhalt	
: 3	3	$19{,}634\ldots\ \text{cm}^2$	: 3
· 2	1	$6{,}544\ldots\ \text{cm}^2$	· 2
	2	$13{,}089\ldots\ \text{cm}^2 \approx \underline{\underline{13\ \text{cm}^2}}$	

Der Flächeninhalt der grauen Fläche beträgt 13 cm^2.

2. Teil – Aufgabe 13

a) Nach 4 Jahren ist das Auto nur noch halb so viel (50 %) wert.

b)

	Restwert in %	Restwert in €	
: 100	100 %	17 400 €	: 100
· 35	1 %	174 €	· 35
	35 %	6 090 €	

oder:

$W = G \cdot \frac{p}{100}$

$W = 17\,400\ € \cdot \frac{35}{100}$

$\underline{\underline{W = 6\,090\ €}}$

Das Auto ist nach 7 Jahren noch 6 090 € wert.

c)

	Restwert in %	Restwert in €	
: 40	40 %	13 800 €	: 40
· 100	1 %	345 €	· 100
	100 %	34 500 €	

oder:

$$G = W \cdot \frac{100}{p}$$

$$G = 13\,800\ € \cdot \frac{100}{40}$$

$$\underline{\underline{G = 34\,500\ €}}$$

Der Neupreis des Autos lag bei 34 500 €.

2. Teil – Aufgabe 14

gegeben: $d = 30\text{ cm} \Rightarrow r = 15\text{ cm}$

$$\text{Dichte}_{\text{Granit}} = 2{,}7\,\frac{g}{cm^3}$$

gesucht: Masse der Kugel

Lösung: $V = \frac{4}{3} \cdot \pi \cdot r^3$

$$V = \frac{4}{3} \cdot \pi \cdot (15\text{ cm})^3$$

$$V = 14\,137{,}166\ldots\text{ cm}^3$$

$$m = V \cdot \text{Dichte}$$

$$m = 14\,137{,}166\ldots\text{ cm}^3 \cdot 2{,}7\,\frac{g}{cm^3}$$

$$m = 38\,170{,}350\ldots\text{ g}$$

$$m = 38{,}170350\ldots\text{ kg} \approx \underline{\underline{38\text{ kg}}}$$

Die Kugel wiegt 38 kg.

2. Teil – Aufgabe 15

a) $15x - 12 = 3x + 9 + 5x$

$$15x - 12 = 8x + 9 \qquad |-8x$$

$$7x - 12 = 9 \qquad |+12$$

$$7x = 21 \qquad |:7$$

$$\underline{\underline{x = 3}}$$

b) $6+15+x+15+x+15+x+15+6=96$

$$72+3x=96 \quad |-72$$
$$3x=24 \quad |:3$$
$$\underline{\underline{x=8}}$$

x ist 8 cm lang.

Hinweis: Ein anderer rechnerischer Lösungsweg, der zur richtigen Lösung führt, wird ebenfalls akzeptiert, eine zeichnerische Lösung aber nicht.

2. Teil – Aufgabe 16

gegeben: $a=2{,}00\ \text{m}$
$b=0{,}96\ \text{m}$

gesucht: Länge der Seite c (Türdiagonale)

Lösung: Satz des Pythagoras

$$c^2=a^2+b^2$$
$$c^2=(2{,}00\ \text{m})^2+(0{,}96\ \text{m})^2$$
$$c^2=4{,}9216\ \text{m}^2$$
$$c=2{,}218\ldots\ \text{m}$$
$$c\approx 2{,}22\ \text{m}$$

2,22 m (Türdiagonale) > 2,10 m (Spiegellänge)

Der Spiegel $\underline{\underline{\text{passt}}}$ durch die Tür.

2. Teil – Aufgabe 17

gegeben: Maße des Behälters:
geschätzte Breite: 30 cm (≙ Schuhlänge)
geschätzte Länge: 40 cm (≙ Schuhlänge + $\frac{1}{3}$ Schuhlänge)
geschätzte Höhe: 70 cm (≙ Schuhlänge + Schuhlänge + $\frac{1}{3}$ Schuhlänge)

gesucht: Volumen des Behälters (Quader)

Lösung:
$$V=a\cdot b\cdot c$$
$$V=40\ \text{cm}\cdot 30\ \text{cm}\cdot 70\ \text{cm}$$
$$V=84\,000\ \text{cm}^3$$
$$V=84\ \text{dm}^3$$
$$\underline{\underline{V=84\ \ell}}$$

Das Volumen des Behälters beträgt etwa 84 Liter.

Hinweis: Je nach geschätzter Länge kommt ein verändertes Ergebnis heraus.
Folgende Schätzwerte werden als richtig bewertet:
Länge: 25 cm bis 50 cm
Breite: 20 cm bis 35 cm
Höhe: 50 cm bis 90 cm

2. Teil – Aufgabe W1

a) $\underline{\underline{A(-3 \mid -2)}}$

b) Möglichkeit 1:

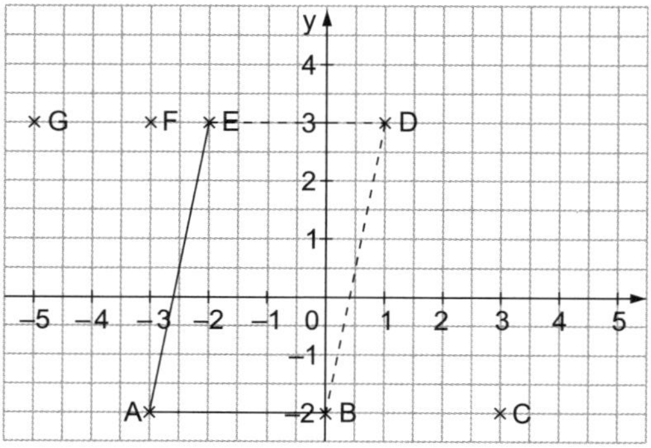

Möglichkeit 2:

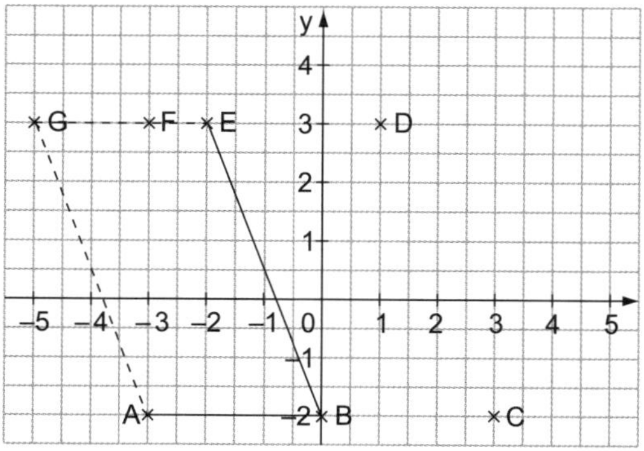

$\underline{\underline{\text{Punkt D}}}$ oder $\underline{\underline{\text{Punkt G}}}$

Hinweis: Es reicht, wenn ein Punkt angegeben wird.

c)

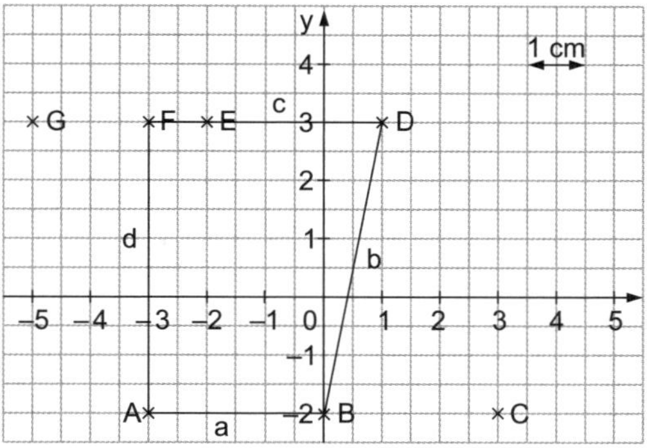

gegeben: $a = 3\text{ cm}$
$c = 4\text{ cm}$
$h = d = 5\text{ cm}$

gesucht: Flächeninhalt A des Trapezes ABDF

Lösung: $A = \frac{a + c}{2} \cdot h$

$A = \frac{3\text{ cm} + 4\text{ cm}}{2} \cdot 5\text{ cm}$

$\underline{\underline{A = 17{,}5\text{ cm}^2}}$

Der Flächeninhalt des Trapezes ABDF beträgt 17,5 cm^2.

d)

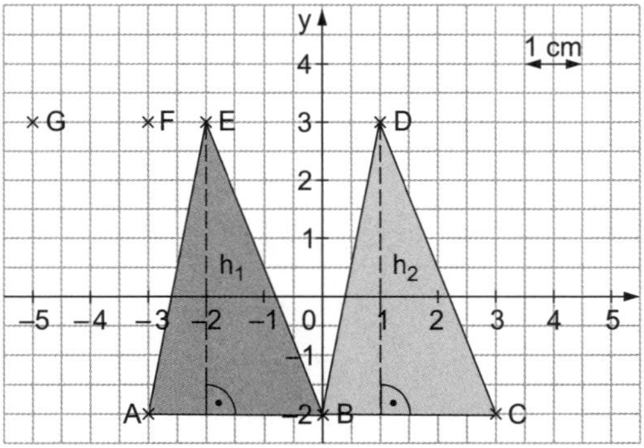

$h_1 = h_2 = 5\text{ cm}$
$\overline{AB} = \overline{BC} = 3\text{ cm}$

Die $\underline{\underline{\text{Grundseiten}}}$ und die $\underline{\underline{\text{Höhen}}}$ beider Dreiecke sind $\underline{\underline{\text{gleich lang}}}$, also sind auch ihre Flächeninhalte gleich groß.

2. Teil – Aufgabe W2

a) 1 Stunde = 60 Minuten

	Zeit	Strecke	
: 2	60 min	28 800 km	: 2
	30 min	14 400 km	
· 3	90 min	$\underline{\underline{43\,200\text{ km}}}$	· 3

oder:

90 Minuten = 1,5 Stunden

	Zeit	Strecke	
· 1,5	1	28 800 km	· 1,5
	1,5	$\underline{\underline{43\,200\text{ km}}}$	

Die ISS hat nach einer Erdumrundung 43 200 km zurückgelegt.

b) 1 Tag = 24 h = 1 440 min
1 440 min : 90 min = $\underline{\underline{16}}$

Die ISS umrundet die Erde 16-mal an einem Tag.

c)

	Strecke	Zeit	
: 28 800	28 800 km	3 600 s	: 28 800
	1 km	0,125 s	
· 800	800 km	$\underline{\underline{100\text{ s}}}$	· 800

Die ISS braucht 100 Sekunden für eine Strecke von 800 km.

d) 252 Millionen = 252 000 000 = $252 \cdot 10^6$

oder:

$24 \cdot 365 \cdot 28\,800\text{ km} = 252\,288\,000 \approx 252\,000\,000 = 252 \cdot 10^6$

Lösungsbuchstabe $\underline{\underline{\text{D}}}$ ist richtig.

2. Teil – Aufgabe W3

a) $P(\text{Nr. 4 als erstes Lied}) = \underline{\underline{\frac{1}{8} = 0{,}125 = 12{,}5\ \%}}$

Die Wahrscheinlichkeit, dass als erstes Lied „Oh Happy Day“ abgespielt wird, beträgt $\frac{1}{8}$.

b) $P(\text{Nr. 6 als erstes Lied}) = \frac{1}{8}$

$P(\text{Nr. 8 als zweites Lied}) = \frac{1}{7}$

$P(\text{Nr. 6 als erstes, Nr. 8 als zweites Lied}) = \frac{1}{8} \cdot \frac{1}{7} = \underline{\underline{\frac{1}{56}}}$

Die Wahrscheinlichkeit, dass als erstes Lied „Let the Sun Shine“ und als zweites Lied „In the Jungle“ abgespielt wird, beträgt $\frac{1}{56}$.

c) Folgende 6 Reihenfolgen sind möglich:
1-3-7
1-7-3
3-1-7
3-7-1
7-1-3
7-3-1

d) $P_{Sara}(\text{Wonderful World als erstes Lied}) = \frac{1}{8} = \frac{2}{16}$

$P_{Lena}(\text{Wonderful World als erstes Lied}) = \frac{1}{16}$

Lena hat <u>nicht recht</u>, da $\frac{1}{16} < \frac{1}{8}$.

2. Teil – Aufgabe W4

a) 1. $u = x + y + z + z + y$

$u = 8\text{ cm} + 3\text{ cm} + 5\text{ cm} + 5\text{ cm} + 3\text{ cm}$

$\underline{\underline{u = 24\text{ cm}}}$

Der Umfang u der grauen Figur beträgt 24 cm.

2. $u = x + y + z + z + y$

$\underline{\underline{u = x + 2y + 2z}}$

b) $A = x \cdot y + \frac{x \cdot y}{2}$

$A = 8\text{ cm} \cdot 3\text{ cm} + \frac{8\text{ cm} \cdot 3\text{ cm}}{2}$

$\underline{\underline{A = 36\text{ cm}^2}}$

Der Flächeninhalt der grauen Fläche beträgt 36 cm^2.

c) $2\text{ cm} + 2\text{ cm} < 8\text{ cm}$

Mario kann das Dreieck nicht zeichnen, da in einem Dreieck zwei Seitenlängen immer länger sein müssen als die dritte Seite.

Oder zeichnerische Begründung:

Es ergibt sich kein Schnittpunkt für den dritten Punkt C, somit kann ein solches Dreieck nicht gezeichnet werden.

Abschlussprüfung an Hauptschulen in Hessen 2020
Mathematik

1. Teil (ohne Taschenrechner)

1. Teil – Aufgabe 1

a) $7{,}6 + 2{,}5 = \underline{\underline{10{,}1}}$

Erklärung der Lösung:
Schreibe stellengerecht untereinander.

$$\begin{array}{r} 7{,}6 \\ +\,2{,}5 \\ \scriptstyle 1 \\ \hline 10{,}1 \end{array}$$

b) $9{,}5 - 12 = \underline{\underline{-2{,}5}}$

Erklärung der Lösung:
Wenn du von einer kleineren Zahl eine größere abziehst, ist das Ergebnis negativ. Gehe gedanklich auf dem Zahlenstrahl (oder Lineal) von der 9,5 zunächst 9,5 Schritte nach links bis zur 0. Wie viele Schritte musst du nun noch nach links machen, um insgesamt 12 Schritte nach links gegangen zu sein?

c) $6{,}5 : 5 = \underline{\underline{1{,}3}}$

Erklärung der Lösung:

$$\begin{array}{l} 6{,}5 : 5 = 1{,}3 \\ \underline{5} \\ 1\,5 \\ \underline{1\,5} \\ \;\;0 \end{array}$$

Beim Überschreiten des Kommas im Dividenden muss auch im Endergebnis ein Komma gesetzt werden.

d) $0{,}73 \cdot 4 = \underline{\underline{2{,}92}}$

Erklärung der Lösung:
Multipliziere schriftlich ohne Beachtung des Kommas. Das Endergebnis hat genauso viele Nachkommastellen wie beide Faktoren (Zahlen) zusammen.

$$\begin{array}{r} 73 \cdot 4 \\ \hline 292 \end{array}$$

e) $\frac{1}{5} \cdot 3 = \underline{\underline{\frac{3}{5}}}$

Erklärung der Lösung:
Du kannst die 3 auch als $\frac{3}{1}$ schreiben. Multipliziere Zähler mit Zähler und Nenner mit Nenner.

1. Teil – Aufgabe 2

0,06 Liter	0,6 Liter	6 dm^3	60 cm^3	6 000 mm^3
☐	☒	☐	☐	☐

Erklärung der Lösung:
1 dm^3 = 1 Liter = 1 000 $m\ell$ = 1 000 cm^3 = 1 000 000 mm^3

1. Teil – Aufgabe 3

a) Der Anteil der Teelöffel beträgt $\underline{\underline{\frac{9}{20}}}$.

Erklärung der Lösung:
Den Anteil gibt man an, indem man die Anzahl der Teelöffel durch die Gesamtanzahl der Löffel dividiert.

b) Der Anteil der Eislöffel beträgt $\underline{\underline{25}}$ %.

Erklärung der Lösung:
Erweitere auf einen Hundertstelbruch.
Es gilt: $\frac{1}{100} = 1\,\% \Rightarrow \frac{5}{20} = \frac{25}{100} = 25\,\%$

1. Teil – Aufgabe 4

a) Es dauert $\underline{\underline{165}}$ Minuten.

Erklärung der Lösung:
1 cm brennt in 15 Minuten ab, demnach brauchen 10 cm 150 Minuten zum Abbrennen.
Alternativ kannst du die Aufgabe auch mit einer Dreisatz-Tabelle lösen.

b) Die Kerze war ursprünglich 18 cm hoch.

Erklärung der Lösung:
Löse die Aufgabe mithilfe des Dreisatzes.

	Anteil	Länge	
: 2	$\frac{2}{3}$	12 cm	: 2
	$\frac{1}{3}$	6 cm	
· 3	$1 = \frac{3}{3}$	18 cm	· 3

1. Teil – Aufgabe 5

a) Um 21:00 Uhr war der Pegelstand 469 cm hoch.

Erklärung der Lösung:
Auf der x-Achse steht jeder Strich für eine volle Stunde, d. h., 21:00 Uhr befindet sich auf dem nicht beschrifteten Strich zwischen 20:00 und 22:00 Uhr.

b) Der Pegelstand war um 9:00 Uhr am höchsten.

Erklärung der Lösung:
Der höchste Ausschlag ist bei 472 cm zu finden. Geht man vom höchsten Punkt im Diagramm senkrecht nach unten auf die x-Achse (Zeitachse), sieht man, dass dieser Ausschlag genau zwischen 8:00 Uhr und 10:00 Uhr eingetreten ist.

c) Der Pegelstand hat sich 6 Stunden gehalten.

Erklärung der Lösung:
Von 10 Uhr bis 16 Uhr verläuft die Linie des Diagramms parallel zur Zeitachse (x-Achse), danach sinkt sie.

1. Teil – Aufgabe 6

Die Seite a ist 4 cm lang.

Der Flächeninhalt des Rechtecks ist 6 cm^2 groß.

Erklärung der Lösung:
Der Flächeninhalt eines Rechtecks berechnet sich, indem man Länge und Breite multipliziert, d. h. $A = a \cdot b$.
$A = 4\text{ cm} \cdot 1{,}5\text{ cm} = 6\text{ cm}^2$

1. Teil – Aufgabe 7

a) $\alpha = \underline{\underline{160°}}$

$\beta = \underline{\underline{200°}}$

Erklärung der Lösung:
Bestimme einen Winkel durch Messen. Achte darauf, dass der 0-Punkt des Geodreiecks genau auf dem Scheitelpunkt des Winkels liegt und du auf der richtigen Skala abliest.
Der zweite Winkel lässt sich berechnen, da α und β zusammen 360° ergeben.

b) $\alpha + 2 \cdot \alpha = 180°$

$3 \cdot \alpha = 180° \quad |:3$

$\alpha = 60°$

Lilly hat nicht recht, da der Winkel α 60° groß ist.

Erklärung der Lösung:
α und 2α sind zusammen 180° groß (Nebenwinkel).

1. Teil – Aufgabe 8

Der Körper hat $\underline{\underline{10}}$ Flächen.

Erklärung der Lösung:
Der ursprüngliche Quader hatte 6 Flächen. Durch das Herausschneiden sind 4 weitere Flächen hinzugekommen.

Lösungs-Tipps zum 2. Teil

Die folgenden Tipps verraten dir schrittweise einen möglichen Lösungsweg. Lies also den zweiten Tipp erst, wenn du mit dem vorherigen nicht weitergekommen bist.

Tipps zu Aufgabe 9

a)

- Du kannst die Aufgabe mit dem Dreisatz lösen.

b)

- Du kannst die Aufgabe ebenfalls mit dem Dreisatz lösen.

Tipps zu Aufgabe 10

- Zeichne zuerst die Seite $a = 5$ cm mit den Punkten A und B.
- Zeichne den Winkel $\sphericalangle CBA = 60°$ in B.
- Trage am freien Schenkel des eben gezeichneten Winkels $\sphericalangle CBA$ die Seite $b = 6$ cm an. Der Endpunkt heißt C.
- Zeichne den Winkel $\sphericalangle DCB = 90°$ in C.
- Trage am freien Schenkel des Winkels $\sphericalangle DCB$ die Seite $c = 3$ cm an. Der Endpunkt heißt D.
- Verbinde die Punkte D und A.

Tipps zu Aufgabe 11

a)

- Bestimme zuerst die Anzahl aller Befragten.
- 54 Befragte tragen keinen Helm, 126 tragen einen Helm.
- Den Anteil kannst du mithilfe des Dreisatzes oder der Formel berechnen.

b)

- 65 % von 220 Befragten tragen immer einen Helm.
- Der restliche Anteil trägt nicht immer einen Helm.
- Mithilfe des Dreisatzes oder der Formel kannst du die Anzahl berechnen.

Tipps zu Aufgabe 12

- Berechne jeweils den Flächeninhalt der dreieckigen Dachfläche und der trapezförmigen Dachfläche.
- $A_{Dreieck} = \frac{g \cdot h}{2}$ $\qquad$ $A_{Trapez} = \frac{a + c}{2} \cdot h$

- Die Höhe h einer Fläche steht immer senkrecht zur Grundseite g.
- Addiere die Teilflächen, um die gesamte Dachfläche zu erhalten.
- Denke daran, dass es jeweils zwei deckungsgleiche Flächen gibt.

Tipps zu Aufgabe 13

- Berechne zunächst das Volumen der quadratischen Pyramide.
- $V_{Pyramide} = \frac{1}{3} \cdot a^2 \cdot h_K$
- Berechne dann, wie viel 1 cm^3 dieser Pyramide wiegen würde.
- Vergleiche dein Ergebnis mit der abgedruckten Tabelle.

Tipps zu Aufgabe 14

a)

- Fasse auf der linken Seite der Gleichung so weit wie möglich zusammen.
- Sortiere die Gleichung so, dass alle Teile mit der Variablen auf der linken und alle Teile ohne Variable auf der rechten Seite stehen.
- Isoliere anschließend die Variable x, indem du durch den Faktor vor x dividierst.

b)

- Setze für x jeweils -4 ein und berechne den linken Term.
- Überprüfe, ob du 29 erhältst.
- Achte auf das Vorzeichen.

Tipps zu Aufgabe 15

- Die Länge der Diagonale ist die Hypotenuse in einem rechtwinkligen Dreieck.
- Rechne mit dem Satz des Pythagoras.
- Vergleiche die Länge der gestrichelten Linie mit der Diagonalen des Fernsehers.
- Wandle dazu 42 Zoll in cm um.

Tipps zu Aufgabe 16

- Schätze die Höhe oder den Durchmesser der Schüssel. Als Hilfe dient die abgebildete Hand.
- Um die Maße zu schätzen, kannst du deine Hand zum Vergleich nehmen.
- Berechne mit dem entsprechenden Schätzwert das Volumen der Halbkugel.
- $V_{Kugel} = \pi \cdot r^3$
- Rechne anschließend in Liter um: $1\,\ell = 1\,dm^3 = 1\,000\,cm^3$

Tipps zu Aufgabe W1

a)

Beachte, dass zuerst die x- und anschließend die y-Koordinate angegeben wird.

b)

Zerlege das Quadrat ABCD zunächst in zwei gleich große (deckungsgleiche) Dreiecke ABD und BCD.

Berechne den Flächeninhalt des Dreiecks ABD mit $A = \frac{g \cdot h}{2}$.

Es gilt: $g = \overline{BD}$ und $h = \frac{1}{2}\overline{AC}$

Entnimm die Maße dem Koordinatensystem.

Da beide Dreiecke deckungsgleich sind, ist auch ihr Flächeninhalt gleich groß.

c)

Der nicht eingezeichnete Winkel β (bei B) ist ein Innenwinkel des Quadrates ABCD und somit gilt: $\beta = 90°$

Die Summe aller Innenwinkel in einem Viereck (also auch in ABCE) beträgt 360°.

Denke daran, dass α' und γ' gleich groß sind.

d)

Drehe das Blatt um 90°, sodass die Punkte E bzw. D als Spitze der Dreiecke nach oben zeigen.

Die Grundseite $g = \overline{AC}$ ist bei beiden Dreiecken die gleiche.

Betrachte die Höhe des Dreiecks und beschreibe, was dir auffällt.

Tipps zu Aufgabe W2

a)

Suche zunächst die höchste und die niedrigste Temperatur aus der Tabelle heraus.

Überlege, wie viel Grad es von der höchsten Temperatur bis zu 0 °C sind.

Bestimme dann, wie viel Grad es von 0 °C bis zur niedrigsten Temperatur sind.

Addiere die Zahlen.

Alternativ kannst du das Ergebnis auch berechnen, indem du die niedrigste Temperatur von der höchsten Temperatur abziehst.

Achte dabei darauf, dass die negative Zahl in Klammern stehen muss.

b)

Addiere zunächst alle Außentemperaturen.

Dividiere (teile) diese Summe dann durch die Anzahl der Tage.

c)

1. Lies dir noch einmal die Erklärung in der Aufgabenstellung durch.

2. Wenn du die Anweisungen rückwärts anwendest, ändern sich die Rechenarten zur jeweiligen gegenteiligen Rechenart.

Überprüfe, ob deine Wahl richtig ist, indem du für „Temperatur in °C“ die Zahl 25 einsetzt. Als Ergebnis müsstest du 77 erhalten.

Tipps zu Aufgabe W3

a)

Die Wahrscheinlichkeit bestimmt man, indem man die Anzahl der günstigen Ergebnisse durch die Anzahl aller möglichen Ergebnisse dividiert.

Zähle die Felder mit dem Symbol ♣.

Denke daran, das Ergebnis zu kürzen.

b)

Bestimme die Anzahl der Felder mit ♥ oder ♦.

c)

Bestimme zunächst die Wahrscheinlichkeit dafür, dass als Erstes ♦ aufleuchtet.

Bestimme nun die Wahrscheinlichkeit dafür, dass als Zweites ♠ aufleuchtet.

Beachte, dass ein Feld schon leuchtet und somit nur noch 19 Felder aufleuchten können.

Multipliziere die beiden Wahrscheinlichkeiten (1. Pfadregel).

d)

Diese Aufgabe kannst du mit dem Dreisatz lösen.

Im kleinen Spiel zeigen 8 von 20 Feldern ♥.

Tipps zu Aufgabe W4

a)

Finde zunächst mithilfe des Textes heraus, wie schwer das 1872 gefundene Nugget war und wie groß der prozentuale Anteil des Goldes darin ist.

b)

Lies den entsprechenden Abschnitt im Text genau.

2 440 Unzen Gold waren 2,21 Millionen Euro wert.

Berechne den Wert einer Unze.

c)

Berechne zunächst, wie viel kg Gold in dem Nugget waren.

Finde im Text heraus, wie viel Gramm eine Unze entspricht.

1 kg = 1 000 g

Löse mit dem Dreisatz oder mit der Formel.

Lösungen zum 2. Teil

2. Teil – Aufgabe 9

a)

	Super	Kosten	
: 30 ↓	30 ℓ	45,60 €	↓ : 30
	1 ℓ	1,52 €	
· 4 ↓	4 ℓ	6,08 €	↓ · 4

Henri muss 6,08 € bezahlen.

b)

	Kosten	Super	
: 45,60 ↓	45,60 €	30 ℓ	↓ : 45,60
	1 €	0,657… ℓ	
· 68,40 ↓	68,40 €	45 ℓ	↓ · 68,40

oder:

Hinweis: Aus Teilaufgabe a weißt du, dass 1 ℓ Super 1,52 € kostet.

$68{,}40 : 1{,}52 = \underline{\underline{45}}$

Sie hat 45 Liter getankt.

2. Teil – Aufgabe 10

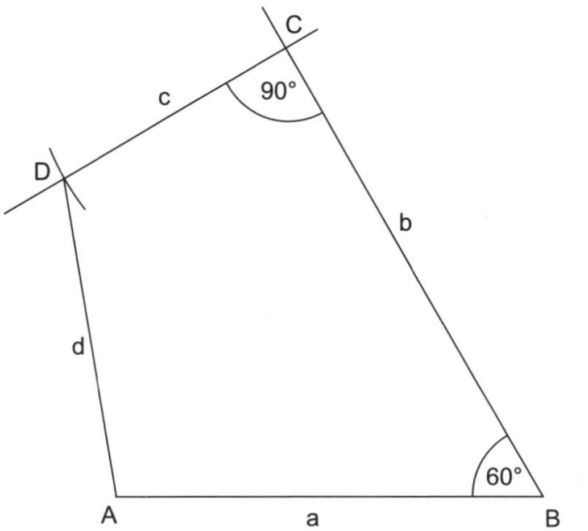

2. Teil – Aufgabe 11

a) Gesamtzahl: $54 + 126 = 180$

	Anzahl	Prozent	
: 180	180	100 %	: 180
· 126	1	0,555… %	· 126
	126	$\underline{\underline{70\ \%}}$	

oder:

$$p\ \% = \frac{W}{G} \cdot 100\ \%$$

$$p\ \% = \frac{126}{180} \cdot 100\ \%$$

$$\underline{\underline{p\ \% = 70\ \%}}$$

70 % der Befragten tragen immer einen Helm.

b) $100\ \% - 65\ \% = 35\ \%$

	Prozent	Anzahl	
: 100	100 %	220	: 100
· 35	1 %	2,2	· 35
	35 %	$\underline{\underline{77}}$	

oder:

$$W = G \cdot \frac{p}{100}$$

$$W = 220 \cdot \frac{35}{100}$$

$$\underline{\underline{W = 77}}$$

77 der Befragten tragen nicht immer einen Helm.

2. Teil – Aufgabe 12

gegeben: $h_{Dreieck} = 6\text{ m}$ $h_{Trapez} = 6\text{ m}$

$g_{Dreieck} = 6\text{ m}$ $a_{Trapez} = 12\text{ m}$

$c_{Trapez} = 7\text{ m}$

gesucht: Größe der Dachfläche

Lösung: $A_{Dreieck} = \frac{g \cdot h}{2}$

$A_{Dreieck} = \frac{6\text{ m} \cdot 6\text{ m}}{2}$

$A_{Dreieck} = 18\text{ m}^2$

$A_{Trapez} = \frac{a + c}{2} \cdot h$

$A_{Trapez} = \frac{12\text{ m} + 7\text{ m}}{2} \cdot 6\text{ m}$

$A_{Trapez} = 57\text{ m}^2$

$A_{Dach} = 2 \cdot A_{Dreieck} + 2 \cdot A_{Trapez}$

$A_{Dach} = 2 \cdot 18\text{ m}^2 + 2 \cdot 57\text{ m}^2$

$\underline{\underline{A_{Dach} = 150\text{ m}^2}}$

Die gesamte Dachfläche beträgt 150 m^2.

2. Teil – Aufgabe 13

gegeben: $a = 4\text{ cm}$

$h_K = 3\text{ cm}$

$\text{Masse} = 57{,}6\text{ g}$

gesucht: Dichte Pyramide

Lösung: $V_{Pyramide} = \frac{1}{3} \cdot a^2 \cdot h_K$

$V_{Pyramide} = \frac{1}{3} \cdot (4\text{ cm})^2 \cdot 3\text{ cm}$

$V_{Pyramide} = 16\text{ cm}^3$

Dichte Pyramide: $57{,}6 : 16 = 3{,}6$

oder:

	Masse	Volumen	
: 57,6 ↓	57,6 g	16 cm^3	↓ : 57,6
	1 g	3,6 cm^3	

Die Pyramide wurde aus Malachit hergestellt.

Hinweis: Bei dieser Aufgabe ist der Antwortsatz unbedingt erforderlich!

2. Teil – Aufgabe 14

a) $22x - 12 - 7x = 8x + 9$

$$15x - 12 = 8x + 9 \quad | -8x$$
$$7x - 12 = 9 \quad | +12$$
$$7x = 21 \quad | :7$$
$$\underline{\underline{x = 3}}$$

b) $(-4) \cdot (-4) + 13 =$

$$16 + 13 = \underline{\underline{29}}$$

2. Teil – Aufgabe 15

gegeben: Kathete a = 90 cm
Kathete b = 50 cm
1 Zoll = 2,54 cm

gesucht: Länge der Diagonalen d

Lösung: Satz des Pythagoras

$$d^2 = a^2 + b^2$$
$$d^2 = (90\text{ cm})^2 + (50\text{ cm})^2$$
$$d^2 = 10\,600\text{ cm}^2 \quad | \sqrt{}$$
$$d \approx 102{,}96\text{ cm}$$

$$42\text{ Zoll} = 42 \cdot 2{,}54\text{ cm} = 106{,}68\text{ cm}$$

Der Fernseher passt nicht in das Regalfach.

Hinweis: Bei dieser Aufgabe ist der Antwortsatz unbedingt erforderlich!

2. Teil – Aufgabe 16

gegeben: geschätzte Höhe der Schüssel: 14 cm $\Rightarrow$ r = 14 cm

gesucht: Volumen der Halbkugel

Lösung: $V = \frac{1}{2} \cdot \pi \cdot r^3$

$$V = \frac{1}{2} \cdot \pi \cdot (14\text{ cm})^3$$

$$V = 4\,310{,}265\ldots\text{ cm}^3$$

$$V \approx 4{,}31\text{ dm}^3 = \underline{\underline{4{,}31\ \ell}}$$

Es passen ungefähr 4,3 Liter in die Schüssel.

Hinweis: Je nachdem wie die Größen geschätzt werden, erhältst du unterschiedliche Ergebnisse. Folgende Schätzwerte werden als richtig bewertet:
Höhe: 11 cm bis 16 cm
Durchmesser: 24 cm bis 32 cm

2. Teil – Aufgabe W1

a) $\underline{\underline{B(5 \mid 3)}}$

b) gegeben: $g = \overline{BD} = 4\text{ cm}$

$$h = \frac{1}{2} \cdot \overline{AC} = 2\text{ cm}$$

gesucht: A_{ABCD}

Lösung: $A_{ABD} = A_{BCD} = \frac{g \cdot h}{2}$

$$A_{ABD} = \frac{4\text{ cm} \cdot 2\text{ cm}}{2}$$

$$A_{ABD} = 4\text{ cm}^2$$

$$A_{ABCD} = A_{ABD} + A_{BCD}$$

$$A_{ABCD} = 4\text{ cm}^2 + 4\text{ cm}^2$$

$$A_{ABCD} = \underline{\underline{8\text{ cm}^2}}$$

Der Flächeninhalt beträgt 8 cm^2.

c) $360° - 90° - 37° = 233°$

$\alpha' = \gamma' = 233° : 2 = \underline{\underline{116{,}5°}}$

d) Die Grundseiten beider Dreiecke sind gleich lang. Die Höhe des Dreiecks ACE ist dreimal so lang wie die Höhe des Dreiecks ACD.
Daher ist auch der Flächeninhalt dreimal zu groß.

2. Teil – Aufgabe W2

a) $7\ °C - (-4\ °C) = 7\ °C + 4\ °C = \underline{\underline{11\ °C}}$

Der Temperaturunterschied zwischen der höchsten und der niedrigsten Temperatur beträgt 11 °C.

b) $7 + 3 + (-4) + 1 + 3 + 6 + 5 = 21\,[°C]$

$21\ °C : 7 = \underline{\underline{3\ °C}}$

Die durchschnittliche Außentemperatur beträgt 3 °C.

c) 1. $68 - 32 = 36$

$36 \cdot \frac{5}{9} = \underline{\underline{20}}$

68 °F sind umgerechnet 20 °C.

Hinweis: Bei dieser Aufgabe ist der Antwortsatz unbedingt erforderlich!

2. $\underline{\underline{B}}$

2. Teil – Aufgabe W3

a) P(♣ als erstes Feld) $= \frac{2}{20} = \underline{\underline{\frac{1}{10}}}$

b) P(♥ oder ♦ als erstes Feld) $= \frac{14}{20} = \underline{\underline{\frac{7}{10}}}$

c) $P(\blacklozenge \text{ als erstes Feld}) = \frac{6}{20} = \frac{3}{10}$

$P(\spadesuit \text{ als zweites Feld}) = \frac{4}{19}$

$P(\blacklozenge \text{ als erstes Feld, } \spadesuit \text{ als zweites Feld}) = \frac{3}{10} \cdot \frac{4}{19} = \underline{\underline{\frac{6}{95}}}$

d)

	Gesamtanzahl der Felder	Anzahl ♥	
: 20 ↓	20	8	↓ : 20
	1	0,4	
· 50 ↓	50	$\underline{\underline{20}}$	↓ · 50

In der XXL-Version müssten 20 Felder ♥ zeigen.

2. Teil – Aufgabe W4

a)

	Prozent	Masse	
:100 ↓	100 %	214 kg	↓ : 100
	1 %	2,14 kg	
· 26,5 ↓	26,5 %	$\underline{\underline{56{,}71\text{ kg}}}$	↓ · 26,5

oder:

$W = \frac{G \cdot p}{100}$

$W = \frac{214\text{ kg} \cdot 26{,}5}{100}$

$\underline{\underline{W = 56{,}71\text{ kg}}}$

Das Nugget enthielt 56,71 kg Gold.

b) $2{,}21\text{ Mio. €} : 2\,440 = 2\,210\,000\text{ €} : 2\,440 \approx \underline{\underline{906\text{ €}}}$

Eine Unze Gold hatte einen Wert von 906 €.

c) $2\,440 \cdot 31{,}1\text{ g} = 75\,884\text{ g} \approx 75{,}9\text{ kg}$

	Masse	Prozent	
: 90 ↓	90 kg	100 %	↓ : 90
· 75,9 ↓	1 kg	1,11… %	↓ · 75,9
	75,9 kg	84,33… ≈ 84 %	

oder:

$$p\,\% = \frac{W}{G} \cdot 100\,\%$$

$$p\,\% = \frac{75{,}9\text{ kg}}{90} \cdot 100\,\%$$

$$p\,\% = 84{,}33\ldots\,\%$$

$$\underline{\underline{p\,\% \approx 84\,\%}}$$

Der Anteil des Goldes betrug 84 %.

Abschlussprüfung an Hauptschulen in Hessen 2021
Mathematik

1. Teil (ohne Taschenrechner)

1. Teil – Aufgabe 1

a) $0{,}8+0{,}14=\underline{\underline{0{,}94}}$

Erklärung der Lösung:
Schreibe stellengerecht untereinander. Achte darauf, dass die Kommas untereinanderstehen und ergänze bei 0,8 eine 0.

$$\begin{array}{r} 0{,}80 \\ +\,0{,}14 \\ \hline 0{,}94 \end{array}$$

b) $9-7{,}6=\underline{\underline{1{,}4}}$

Erklärung der Lösung:
Schreibe zunächst die 9 als Kommazahl, indem du sie zu 9,0 ergänzt. Anschließend musst du die Zahlen wieder stellengerecht untereinanderschreiben, sodass die Kommas untereinanderstehen.

$$\begin{array}{r} 9{,}0 \\ -\,7{,}6 \\ {\scriptstyle 1} \\ \hline 1{,}4 \end{array}$$

c) $25\cdot 4\cdot 13=\underline{\underline{1\,300}}$

Erklärung der Lösung:
Multipliziere zunächst die ersten beiden Faktoren, danach multiplizierst du das Ergebnis (Produkt) mit der dritten Zahl.

$25\cdot 4=100$

$100\cdot 13=1\,300$

d) $12{,}6:3=\underline{\underline{4{,}2}}$

Erklärung der Lösung:
Dividiere schriftlich. Sobald du das Komma der ersten Zahl überschreitest, musst du im Endergebnis ein Komma setzen.

e) $8^2 = \underline{\underline{64}}$

Erklärung der Lösung:
8^2 bedeutet, dass die 8 mit sich selbst multipliziert wird, also $8^2 = 8 \cdot 8$.

1. Teil – Aufgabe 2

Alle Zutaten wiegen zusammen $\underline{\underline{3\,475}}$ g.

Erklärung der Lösung:
Gesucht ist die Menge in Gramm. Rechne also zuerst alle Angaben in Gramm um:
$1\text{ kg} = 1\,000\text{ g} \quad \Rightarrow \quad 2{,}4\text{ kg} = 2\,400\text{ g}$
Schreibe dann stellengerecht untereinander und berechne schriftlich:

$$\begin{array}{rr} & 2\,400\text{ g} \\ + & 375\text{ g} \\ + & 200\text{ g} \\ + & {}_1 500\text{ g} \\ \hline & 3475\text{ g} \end{array}$$

1. Teil – Aufgabe 3

a) Es haben $\underline{\underline{\frac{7}{20}}}$ der Schülerinnen und Schüler die Note 3 geschrieben.

Erklärung der Lösung:
Der Anteil der Personen, die eine 3 geschrieben haben, berechnet sich mit:

$$\frac{\text{Anzahl der Schüler*innen mit Note 3}}{\text{Gesamtanzahl der Schüler*innen}}$$

b) $\frac{1}{4}$ von 20 Schülerinnen und Schülern sind 5 Schülerinnen und Schüler.
Insgesamt haben 6 Schülerinnen und Schüler die Note 1 oder 2 geschrieben.
Das sind mehr als 5. Sara hat also $\underline{\underline{\text{recht}}}$.

1. Teil – Aufgabe 4

Der Motorradhelm kostet nach der Reduzierung 64 €.

Erklärung der Lösung:
Der ursprüngliche Preis des Motorradhelms entspricht 100 %. Der Preis im Winter ist 20 % niedriger und beträgt demnach nur noch 80 % des ursprünglichen Preises. Du kannst diese Aufgabe mit der Dreisatztabelle lösen.

	Prozent	Preis	
: 10	100 %	80 €	: 10
	10 %	8 €	
· 8	80 %	64 €	· 8

oder:
20 % von 80 € sind 16 €.
80 € – 16 € = 64 €

1. Teil – Aufgabe 5

Für den Eintritt müssen sie insgesamt 76 € bezahlen.

Erklärung der Lösung:
Berechne zunächst, wie viel Euro der Eintritt für einen Erwachsenen bzw. für ein Kind kostet.

Kosten für 1 Erwachsenen:	36 € : 3 = 12 €
Kosten für 1 Kind:	32 € : 4 = 8 €
Kosten für 8 Kinder:	8 · 8 € = 64 €
Kosten für 1 Erw. + 8 Kinder:	12 € + 64 € = 76 €

1. Teil – Aufgabe 6

a) A(–2 | 4)

Erklärung der Lösung:
Lies zuerst die x-Koordinate und dann die y-Koordinate des Punktes A ab.

b)

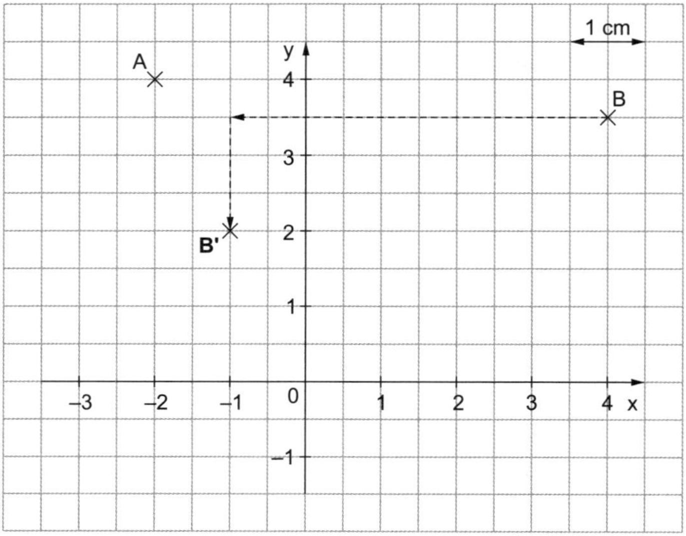

Erklärung der Lösung:
Zeichne dir die Verschiebungen ein. Achte darauf, dass 1 Einheit = 1 cm (2 Kästchen) groß ist.

1. Teil – Aufgabe 7

Der Flächeninhalt der grauen Figur beträgt $\underline{\underline{18}}$ cm^2.

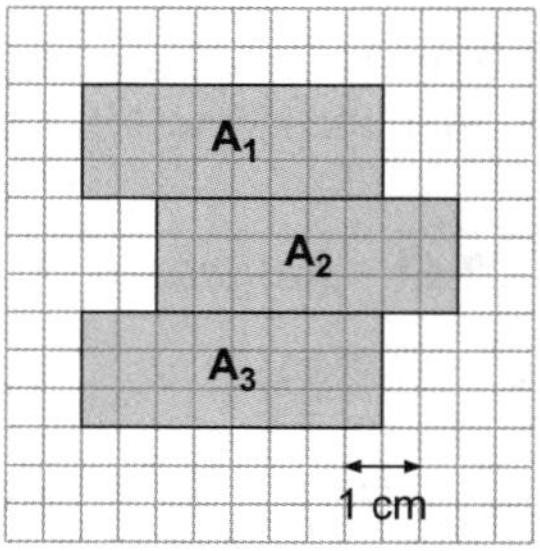

Erklärung der Lösung:
Du kannst die Figur geschickt in 3 gleich große Rechtecke aufteilen.
Berechne den Flächeninhalt eines Rechtecks.
$A_1 = 4\text{ cm} \cdot 1{,}5\text{ cm} = 6\text{ cm}^2$
Da alle Rechtecke gleich groß sind, gilt:
$A_1 = A_2 = A_3 = 6\text{ cm}^2$
$A_{\text{graue Fläche}} = 6\text{ cm}^2 + 6\text{ cm}^2 + 6\text{ cm}^2 = 18\text{ cm}^2$
oder:
Verschiebe die Fläche A_2 gedanklich um 2 Kästchen nach links, dann erhältst du ein Rechteck mit den Seitenlängen 4 cm und 4,5 cm.
$A_{\text{graue Fläche}} = 4\text{ cm} \cdot 4{,}5\text{ cm} = 18\text{ cm}^2$

1. Teil – Aufgabe 8

a) Es können insgesamt <u>36</u> Würfel in dieser Box gestapelt werden.

Erklärung der Lösung:
Überlege zunächst, wie viele Würfel auf der untersten Ebene liegen können.
Überlege dann, wie viele Ebenen übereinandergestapelt werden können.
Die unterste Ebene besteht aus $3 \cdot 3 = 9$ Würfeln.
Es gibt insgesamt 4 Ebenen, daher also zusammen $4 \cdot 9 = 36$ Würfel.

b) Es fehlen <u>15</u> Würfel.

Erklärung der Lösung:
Zähle die vorhandenen Würfel (Achtung, nicht alle Würfel sind sichtbar!) und berechne, wie viele zur maximalen Anzahl (siehe Aufgabe a) fehlen.
1. Ebene: 9 Würfel
2. Ebene: 6 Würfel
3. Ebene: 4 Würfel
4. Ebene: 2 Würfel
zusammen: 21 Würfel
$36 - 21 = 15$

Lösungs-Tipps zum 2. Teil

Die folgenden Tipps verraten dir schrittweise einen möglichen Lösungsweg. Lies also den zweiten Tipp erst, wenn du mit dem vorherigen nicht weitergekommen bist.

Tipps zu Aufgabe 9

a)

Du kannst die Aufgabe mit dem Dreisatz lösen.

b)

Berechne zunächst, wie viel Pfand Hannah für die 6 Plastikflaschen bekommt.

Der übrige Pfandbetrag verteilt sich auf die 13 Glasflaschen.

Tipps zu Aufgabe 10

a)

1. Zeichne zuerst die Seite $c = 6$ cm mit den Punkten A und B.

   Zeichne die Höhe $h_c = 6{,}5$ cm zur Seite c. Du erhältst Punkt C.

   Die Höhe steht im gleichschenkligen Dreieck auf dem Mittelpunkt der Grundseite.

   Verbinde die Punkte A und C sowie die Punkte B und C.

2. Der Flächeninhalt eines Dreiecks berechnet sich mit folgender Formel:

   $$A = \frac{c \cdot h_c}{2}$$

   Setze für c und h_c die gegebenen Werte ein.

b)

In einem gleichschenkligen Dreieck sind die beiden Basiswinkel (Winkel an der Grundseite c) gleich groß, das heißt, es gilt $\alpha = \beta$.

Die Innenwinkelsumme eines Dreiecks beträgt immer 180°.

Tipps zu Aufgabe 11

a)

Den Anteil kannst du mithilfe des Dreisatzes oder der Prozentformel berechnen.

b)

Berechne mithilfe des Dreisatzes oder der Prozentformel.

Tipps zu Aufgabe 12

a)

1. Die Wahrscheinlichkeit bestimmt man, indem man die Anzahl der günstigen Ereignisse durch die Anzahl aller möglichen Ereignisse dividiert.

   Bestimme die Anzahl der Zweier.

2. Wie viele Zahlen auf dem Würfel sind kleiner als 3?

b)

Bestimme zunächst die Wahrscheinlichkeit für die Augenzahl 1.

Wende dann die 1. Pfadregel an.

Tipps zu Aufgabe 13

Berechne zunächst das Volumen des Quaders mithilfe der Formel $V_{Quader} = a \cdot b \cdot c$.

Rechne dein Ergebnis anschließend von cm^3 in Liter um.

1 Liter = 1 dm^3 = 1 000 cm^3

Multipliziere das Volumen (in Litern) mit den Kosten pro Liter (0,4 Cent).

Runde das Ergebnis auf ganze Cent und denke an den Antwortsatz.

Tipps zu Aufgabe 14

Fasse auf der linken Seite der Gleichung so weit wie möglich zusammen.

Sortiere die Gleichung, sodass alle Terme mit Variable auf der linken und alle Terme ohne Variable auf der rechten Seite stehen.

Anschließend isoliere die Variable x, indem du durch den Faktor vor dem x dividierst.

Tipps zu Aufgabe 15

a)

In der Darstellung erkennst du ein rechtwinkliges Dreieck.

Die gesuchte Seite x ist die Hypotenuse.

Rechne mit dem Satz des Pythagoras.

b)

Berechne die Fläche mithilfe der Flächeninhaltsformel für ein Rechteck $A = a \cdot b$.

Tipps zu Aufgabe 16

- Der Koffer hat die Form eines Quaders.
- Schätze die Höhe, Tiefe und Breite des Koffers.
- Als Hilfe dient dir die daneben abgebildete Person.
- Du kannst deine eigene Körpergröße als Vergleichsgröße nehmen.
- Berechne mit den entsprechenden Schätzwerten das Volumen des Quaders.
- Rechne anschließend in Liter um: $1\ \ell = 1\ dm^3 = 1\,000\ cm^3$

Tipps zu Aufgabe W1

a)

1. Zeichne zuerst die Seite $a = 5$ cm mit den Punkten A und B.
   Trage den Winkel $\alpha = 60°$ in Punkt A an.
   Achte dabei auf die richtige Skala am Geodreieck.
   Miss $d = 4$ cm auf dem freien Schenkel von α ab. Du erhältst Punkt D.
   Ziehe einen Kreisbogen um B mit Radius $b = d = 4$ cm.
   Ziehe einen Kreisbogen um D mit Radius $c = a = 5$ cm.
   Der (obere) Schnittpunkt der beiden Bögen ist Punkt C des Parallelogramms.
2. In einem Parallelogramm sind die gegenüberliegenden Seiten gleich lang.
   Es gilt also: $a = c$ und $b = d$

b)

- Überlege dir, welche Eigenschaften ein Parallelogramm bezüglich seiner Seiten hat.
- Bei dem hinzugefügten Dreieck handelt es sich um ein spezielles Dreieck, bei dem nicht nur die drei Innenwinkel gleich groß sind.

Tipps zu Aufgabe W2

a)

- Berechne die Oberfläche der Kugel mithilfe der Oberflächenformel $O_{Kugel} = 4 \cdot \pi \cdot r^2$.

b)

- Überlege, wie „breit" die Kugel ist, wenn der Radius 8 cm beträgt.

c)

1. Berechne das Volumen der Kugel mithilfe der Volumenformel:

   $$V_{Kugel} = \frac{4}{3} \cdot \pi \cdot r^3$$

2. Verdopple den Radius der Kugel und berechne das neue Volumen.
   Zeige, dass dieses Volumen achtmal so groß ist wie das Volumen der kleineren Kugel (aus 1).

Tipps zu Aufgabe W3

a)

1. Die Wahrscheinlichkeit bestimmt man, indem man die Anzahl der günstigen Ereignisse durch die Anzahl aller möglichen Ereignisse dividiert.
2. „Keine Gabel" bedeutet, man zieht entweder einen Löffel oder ein Messer.

b)

Bestimme zunächst die Wahrscheinlichkeit, dass als Erstes ein Messer gezogen wird.

Bestimme nun die Wahrscheinlichkeit, dass im zweiten Zug eine Gabel gezogen wird.

Beachte, dass bereits ein Besteckteil gezogen wurde und sich dieses nicht mehr im Krug befindet.

Wende die 1. Pfadregel an.

c)

Überlege, wie oft du „kein Messer" ziehen kannst.

Wenn du alle Löffel und alle Gabeln herausgezogen hast, kannst du nur noch ein Messer ziehen.

d)

Beim dritten Zug sind noch insgesamt 10 Besteckteile im Krug.

Überlege, wie viele Gabeln im Krug sein müssen, wenn die Wahrscheinlichkeit, eine Gabel zu ziehen, bei 30 % liegt.

Wandle dazu die 30 % zunächst in einen Bruch um und kürze.

Tipps zu Aufgabe W4

a)

Lies die Höhe auf der linken Achse (y-Achse) des Diagramms ab.

b)

Suche den Bereich, in dem der Graph weder steigt noch fällt.

c)

1. Lies an der x-Achse ab, nach wie viel Kilometern sie die Grabenhäuslhütte bzw. Urschlau erreicht haben.

   Die Differenz zwischen den Kilometerangaben entspricht der Entfernung.
2. Du kannst den Dreisatz oder die Lösungsformel verwenden.

d)

Berechne zunächst, wie groß der Höhenunterschied zwischen der Eschelmooshütte und dem Parkplatz ist.

Die Fahrzeit erhältst du, indem du den Höhenunterschied durch den „Höhenverlust" pro Minute dividierst.

Lösungen zum 2. Teil

2. Teil – Aufgabe 9

a)

	Anzahl Flaschen	Pfand	
:18 ↓	18	4,50 €	↓ :18
	1	0,25 €	
·7 ↓	7	<u>1,75 €</u>	↓ ·7

Lena bekommt 1,75 € Pfand.

b) Pfand für alle Plastikflaschen:

	Anzahl Flaschen	Pfand	
·6 ↓	1	0,25 €	↓ ·6
	6	1,50 €	

Pfand für alle Glasflaschen: $2,54\text{ €} - 1,50\text{ €} = 1,04\text{ €}$

Pfand für eine Glasflasche: $1,04\text{ €} : 13 = \underline{\underline{0,08\text{ €}}}$

2. Teil – Aufgabe 10

a) 1.

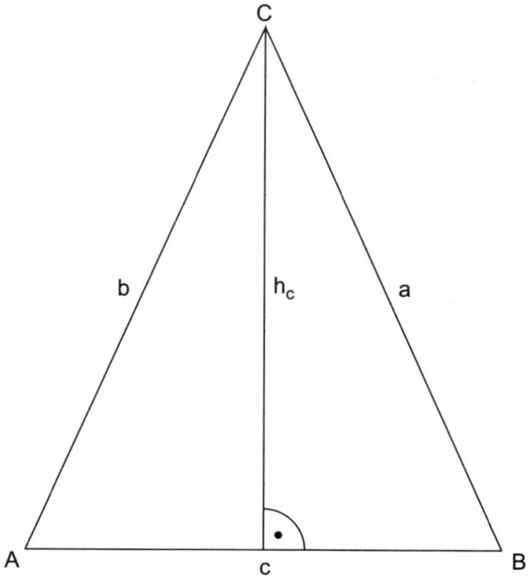

2. gegeben: $c = 6\text{ cm}$

$h_c = 6{,}5\text{ cm}$

gesucht: Flächeninhalt A

Lösung: $A = \frac{c \cdot h_c}{2}$

$A = \frac{6\text{ cm} \cdot 6{,}5\text{ cm}}{2}$

$\underline{\underline{A = 19{,}5\text{ cm}^2}}$

b) $\alpha = \beta = 30° \Rightarrow \alpha + \beta + \gamma = 30° + 30° + 100° = 160°$

Chris hat nicht recht, die Innenwinkelsumme im Dreieck muss 180° betragen.

oder:

$(180° - 100°) : 2 = 40°$

Chris hat nicht recht, denn der Winkel beträgt 40°.

2. Teil – Aufgabe 11

a)

	Gramm	Prozent	
:8 ↓	800 g	100 %	↓ :8
·3 ↓	100 g	12,5 %	↓ ·3
	300 g	37,5 %	

oder:

$p\ \% = \frac{W}{G} \cdot 100\ \%$

$p\ \% = \frac{300}{800} \cdot 100\ \%$

$\underline{\underline{p\ \% = 37{,}5\ \%}}$

37,5 % sind Kohlenhydrate.

b)

	Prozent	Gramm	
:100 ↓	100 %	125 g	↓ :100
·28 ↓	1 %	1,25 g	↓ ·28
	28 %	35 g	

oder:

$$W = G \cdot \frac{p}{100}$$

$$W = 125\text{ g} \cdot \frac{28}{100}$$

$$\underline{\underline{W = 35\text{ g}}}$$

Es sind 35 g Eiweiß enthalten.

2. Teil – Aufgabe 12

a) 1. $P(\text{Augenzahl } 2) = \underline{\underline{\frac{2}{6} = \frac{1}{3}}}$

2. $P(\text{Augenzahl kleiner als } 3) = \underline{\underline{\frac{5}{6}}}$

b) $P(\text{Augenzahl } 1) = \frac{3}{6} = \frac{1}{2}$

$P(\text{zweimal hintereinander Augenzahl } 1) = \frac{3}{6} \cdot \frac{3}{6} = \underline{\underline{\frac{9}{36} = \frac{1}{4}}}$

Die Brüche müssen **nicht** gekürzt werden.

2. Teil – Aufgabe 13

gegeben: a = 10 cm
b = 42 cm
c = 30 cm

gesucht: Kosten pro Spülvorgang

Lösung: $V_{Quader} = a \cdot b \cdot c$

$V_{Quader} = 10\text{ cm} \cdot 42\text{ cm} \cdot 30\text{ cm}$

$V_{Quader} = 12\,600\text{ cm}^3 = 12{,}6\text{ dm}^3 = 12{,}6\ \ell$

$12{,}6\ \ell \cdot 0{,}4\ \frac{\text{ct}}{\ell} = 5{,}04\text{ ct} \approx \underline{\underline{5\text{ ct}}}$

Ein Spülvorgang kostet etwa 5 Cent.

2. Teil – Aufgabe 14

$$12x - 4 + 5x = 51 + 6x$$

$$17x - 4 = 51 + 6x \quad |-6x$$

$$11x - 4 = 51 \quad |+4$$

$$11x = 55 \quad |:11$$

$$\underline{\underline{x = 5}}$$

2. Teil – Aufgabe 15

a) gegeben: $a = 16\text{ m}$
$b = 6{,}5\text{ m}$

gesucht: Länge der Seite x

Lösung: Satz des Pythagoras

$$x^2 = a^2 + b^2$$

$$x^2 = (16\text{ m})^2 + (6{,}5\text{ m})^2$$

$$x^2 = 298{,}25\text{ m}^2$$

$$x = 17{,}269\ldots\text{ m}$$

$$\underline{\underline{x \approx 17{,}27\text{ m}}}$$

b) gegeben: $a = 16\text{ m}$
$x = b = 17{,}27\text{ m}$

gesucht: Größe der Dachfläche (Rechteck)

Lösung: $A_{\text{Dachfläche}} = a \cdot b$

$$A_{\text{Dachfläche}} = 12{,}00\text{ m} \cdot 17{,}27\text{ m}$$

$$\underline{\underline{A_{\text{Dachfläche}} = 207{,}24\text{ m}^2}}$$

2. Teil – Aufgabe 16

gegeben: geschätzte Höhe: 70 cm
geschätzte Tiefe: 40 cm
geschätzte Breite: 50 cm

gesucht: Volumen des Koffers (Quader) in Litern

Lösung: $V_{Koffer} = a \cdot b \cdot c$

$V_{Koffer} = 70\ cm \cdot 40\ cm \cdot 50\ cm$

$V_{Koffer} = 140\,000\ cm^3 = 140\ dm^3$

$\underline{\underline{V_{Koffer} = 140\ \ell}}$

Je nach geschätzten Längen bekommst du ein verändertes Ergebnis heraus.
Folgende Schätzwerte werden als richtig bewertet:
Höhe: 60 cm bis 90 cm
Tiefe: 30 cm bis 60 cm
Breite: 40 cm bis 60 cm

2. Teil – Aufgabe W1

a) 1.

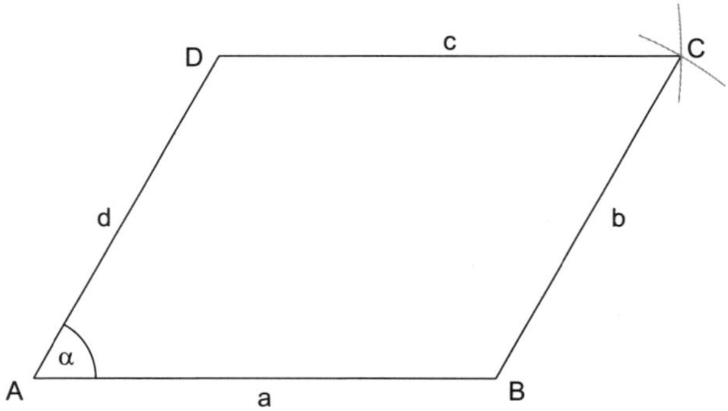

2. gegeben: $a = c = 5\ cm$
$d = b = 4\ cm$

gesucht: Umfang u

Lösung: $u = a + b + c + d$

$u = 5\ cm + 4\ cm + 5\ cm + 4\ cm$

$\underline{\underline{u = 18\ cm}}$

b) In einem Parallelogramm sind die gegenüberliegenden Seiten gleich lang, also gilt $d = b$.

Bei einem Dreieck, bei dem alle Winkel gleich groß (also 60° groß) sind, sind auch alle Seiten gleich lang. Es handelt sich also um ein gleichseitiges Dreieck und es gilt $b = x$.

Somit gilt auch $d = x$.

2. Teil – Aufgabe W2

a) gegeben: $r = 8\text{ cm}$

gesucht: Oberfläche O der Kugel

Lösung:
$$O_{Kugel} = 4 \cdot \pi \cdot r^2$$
$$O_{Kugel} = 4 \cdot \pi \cdot (8\text{ cm})^2$$
$$O_{Kugel} = 804{,}247\ldots\text{ cm}^2$$
$$\underline{\underline{O_{Kugel} \approx 804\text{ cm}^2}}$$

b) Die Kugel ist mit einem Durchmesser von 16 cm zu groß.

c) 1. gegeben: $r = 8\text{ cm}$

gesucht: Volumen V der Kugel

Lösung:
$$V_{Kugel} = \frac{4}{3} \cdot \pi \cdot r^3$$
$$V_{Kugel} = \frac{4}{3} \cdot \pi \cdot (8\text{ cm})^3$$
$$V_{Kugel} = 2\,144{,}660\ldots\text{ cm}^3$$
$$\underline{\underline{V_{Kugel} \approx 2\,144{,}7\text{ cm}^3}}$$

2. gegeben: $r = 16\text{ cm}$

gesucht: Volumen V der großen Kugel

Lösung:
$$V_{\text{große Kugel}} = \frac{4}{3} \cdot \pi \cdot (16\text{ cm})^3$$
$$V_{\text{große Kugel}} = 17\,157{,}284\ldots\text{ cm}^3$$
$$V_{\text{große Kugel}} \approx 17\,157\text{ cm}^3$$

$$8 \cdot V_{Kugel} = 8 \cdot 2\,144{,}7\text{ cm}^3 = 17\,157{,}6\text{ cm}^3 \approx V_{\text{große Kugel}}$$

2. Teil – Aufgabe W3

a) 1. $P(\text{Löffel}) = \frac{3}{12} = \underline{\underline{\frac{1}{4}}}$

2. $P(\text{keine Gabel}) = \frac{8}{12} = \underline{\underline{\frac{2}{3}}}$

b) $P(\text{Messer als Erstes}) = \frac{5}{12}$

$P(\text{Gabel als Zweites}) = \frac{4}{11}$

$P(\text{Messer als Erstes, Gabel als Zweites}) = \frac{5}{12} \cdot \frac{4}{11} = \underline{\underline{\frac{20}{132} = \frac{5}{33}}}$

Die Brüche müssen **nicht** gekürzt werden.

c) Wenn man insgesamt <u>8 Besteckteile</u> zieht, ist mit Sicherheit (mindestens) ein Messer dabei.

d) Mögliche Kombinationen:
<u>Gabel, Messer</u> oder <u>Messer, Gabel</u> oder <u>Gabel, Löffel</u> oder <u>Löffel, Gabel</u>

Begründung:
$30\ \% = \frac{30}{100} = \frac{3}{10}$

Beim dritten Zug sind von 10 Besteckteilen noch genau 3 Gabeln im Krug (im Vergleich zu 4 Gabeln am Anfang), das heißt, dass mit den 2 Besteckteilen genau eine Gabel aus dem vollen Krug herausgezogen wurde.

2. Teil – Aufgabe W4

a) Die Grabenhäuslhütte liegt auf einer Höhe von <u>900 m</u>.

b) In Abschnitt <u>D</u> sind Tobi und Lars weder bergauf noch bergab gefahren.

c) 1. Grabenhäuslhütte bei 5 km
Urschlau bei 20 km

$20\text{ km} - 5\text{ km} = \underline{\underline{15\text{ km}}}$

Die Wegstrecke beträgt 15 km.

2.

	Strecke	Prozent	
:35	35 km	100 %	:35
	1 km	2,857... %	
·15	15 km	$42{,}857\ldots \approx \underline{\underline{43\ \%}}$	·15

oder:

$$p\ \% = \frac{W}{G} \cdot 100\ \%$$

$$p\ \% = \frac{15}{35} \cdot 100\ \%$$

$$p\ \% = 42{,}857\ldots\ \%$$

$$\underline{\underline{p\ \% \approx 43\ \%}}$$

Die Wegstrecke macht 43 % der Gesamtstrecke aus.

d) Eschelmooshütte: 1 100 m
Parkplatz: 600 m

$1100\text{ m} - 600\text{ m} = 500\text{ m}$

$500\text{ m} : 25\ \frac{\text{m}}{\text{min}} = \underline{\underline{20\text{ min}}}$

Er hat 20 Minuten gebraucht.

Abschlussprüfung an Hauptschulen in Hessen 2022
Mathematik

Um dir die Lösungen zur Prüfung 2022 schnellstmöglich zur Verfügung stellen zu können, bringen wir sie in digitaler Form heraus.

Sobald die Original-Prüfungsaufgaben 2022 freigegeben sind, können die dazugehörigen Lösungen als PDF auf der Plattform **MyStark** heruntergeladen werden (Zugangscode vgl. Umschlaginnenseite).

Prüfung 2022

www.stark-verlag.de/mystark